Führen. Einfach. Machen.

Für Maren

Führen. Einfach. Machen.
Thomas Fritzsche

Wissenschaftlicher Beirat Programmbereich Psychologie:
Prof. Dr. Guy Bodenmann, Zürich; Prof. Dr. Lutz Jäncke,
Zürich; Prof. Dr. Franz Petermann, Bremen; Prof. Dr. Astrid
Schütz, Bamberg; Prof. Dr. Markus Wirtz, Freiburg i. Br.

Thomas Fritzsche

Führen. Einfach. Machen.

Grundlagen der Mitarbeiterführung

hogrefe

Thomas Fritzsche, Dipl.-Psych.
Zur Hardthöhe 15
63691 Ranstadt
Deutschland
mail@thomasfritzsche.de

Geschützte Warennamen (Warenzeichen) werden nicht besonders kenntlich gemacht. Aus dem Fehlen eines solchen Hinweises kann also nicht geschlossen werden, dass es sich um einen freien Warennamen handelt.

Bibliografische Information der Deutschen Nationalbibliothek
Die Deutsche Nationalbibliothek verzeichnet diese Publikation in der Deutschen Nationalbibliografie; detaillierte bibliografische Daten sind im Internet über http:// www.dnb.de abrufbar.

Anregungen und Zuschriften bitte an:
Hogrefe AG
Lektorat Psychologie
Länggass-Strasse 76
3000 Bern 9
Schweiz
Tel: +41 31 300 45 00
E-Mail: verlag@hogrefe.ch
Internet: http://www.hogrefe.ch

Lektorat: Dr. Susanne Lauri
Bearbeitung: Lydia Zeller, Zürich
Herstellung: René Tschirren
Umschlagabbildung: iStockfoto | Anton Sokolov
Umschlaggestaltung: Claude Borer, Riehen
Satz: punktgenau GmbH, Bühl
Druck und buchbinderische Verarbeitung: Finidr s.r.o., Český Těšín
Printed in Czech Republic

1. Auflage 2017
© 2017 Hogrefe Verlag, Bern

(E-Book-ISBN_PDF 978-3-456-95723-4)
(E-Book-ISBN_EPUB 978-3-456-75723-0)
ISBN 978-3-456-85723-7
http://doi.org/10.1024/85723-000

Inhaltsverzeichnis

Geleitwort

„Wenn es überhaupt ein Rezept für den Erfolg gibt,
besteht es darin, sich in die Lage
anderer Menschen hineinzuversetzen."

Arthur Schopenhauer

Liebe Leserinnen und Leser!
In Zeiten der Schnelllebigkeit, der vielseitigen Herausforderungen und des leider immer häufiger vorkommenden Burn-outs gilt es, innezuhalten und sich der Mitarbeiterführung und deren Auswirkungen bewusst zu werden.

Als Führungskraft haben wir vielseitige Verantwortung, denn Führen heißt

· fördern und fordern, aber nicht überfordern
· halten und loslassen, ohne fallen zu lassen
· motivieren und dabei Demotivation vermeiden
· VOR und HINTER seinen Mitarbeitern stehen – je nach Situation.

Meine fast vierzig Jahre aktive Führungstätigkeit und zuletzt meine Funktion als Vorstand Vertrieb in einem der größten Handelsunternehmen Europas haben mir vor Augen geführt, wie vielschichtig das Thema Führung ist.

Menschen sind Individuen – und das ist gut so.

Viele Parameter wie Bildung, Ausbildung, die persönliche Weiterentwicklung, die eigene Wertewelt, die Nationalität, aber auch die Unternehmens- sowie die Führungskultur im Unternehmen haben großen unmittelbaren und mittelbaren Einfluss auf die Führungsaufgaben, den Führungsalltag und den jeweiligen Führungsanspruch. Da jeder Mensch und folglich jeder Mitarbeiter anders ist, stellt situatives Führen ein wichtiges Instrument dar. Die große Kunst ist es, diese Einflüsse und Interdependenzen zu erkennen, miteinander zu verbinden und sich dabei insbesondere auf das Wesentliche zu beschränken. Dies gelingt meines Erachtens aber nur mit sehr viel Erfahrung. Das, liebe Leserinnen und Leser, ist Herrn Fritzsche, den ich seit sehr vielen Jahren gut kenne und überaus schätze, mit vorliegendem Buch durch exzellentes Fachwissen, gepaart mit einer über zwanzigjährigen praktischen Erfahrung, geglückt.

Thomas Fritzsche führt Sie auf erfrischende, kurzweilige, interessante Art und Weise schnell, transparent, komprimiert und zielgerichtet durch die zentralen Punkte erfolgreicher Führungstätigkeit. Sie erhalten Hintergrundwissen und praktische Tipps zu den klassischen Führungsstilen, den verschiedenen Mitarbeitertypen, dem dazu passenden Verhalten der Führungskraft bis hin zur Mitarbeiterentwicklung und zum Coaching.

Das Buch setzt ein wunderbares Fundament zum Thema „Führung und Mensch", indem es beide Aspekte in den Mittelpunkt stellt, ohne dabei die notwendigen theoretischen und wissenschaftlichen Grundlagen zu vernachlässigen.

Durch die jahrzehntelange Erfahrung im Coaching, in der Führungskräfteentwicklung, in der Kommunikation mit Tausenden von Führungskräften ist es Herrn Fritzsche gelungen, die wichtigsten Elemente auf das Wesentliche zu reduzieren, indem er das in den Mittelpunkt stellt, was in den Mittelpunkt gehört:

den Menschen.

Herzlichen Glückwunsch, Herr Fritzsche, zu diesem tollen Buch und Ratgeber!

Und jetzt wünsche ich Ihnen, liebe Leserinnen und Leser, viel Spaß, wertvolle Erkenntnisse und Tipps für Ihren ganz persönlichen Führungsalltag.

Siegfried Ganshorn
im August 2016

Vorwort

Stellen Sie sich vor, Sie hätten nur Topmitarbeiter. Stellen Sie sich vor, all Ihre Mitarbeiter wären sehr kompetent und sehr engagiert, sie hätten all die Fähigkeiten, die Sie von ihnen erwarten, und sie würden alle Aufgaben gerne und mit Schwung umsetzen.

Wie viel Zeit pro Woche würden Sie sparen? Wie viel Zeit mehr hätten Sie zur Verfügung beim Verfolgen anderer Aufgaben, anderer Managementtätigkeiten? Wie viel früher wären Sie jeden Tag zu Hause? Wie viel beruhigter würden Sie Ihren Urlaub genießen?

Ziel und Zweck dieses Buches ist es, Sie dabei zu unterstützen, möglichst viele Ihrer Mitarbeiter gezielt und systematisch zu solchen „Spitzenmitarbeitern" zu entwickeln.

Das Buch ist kein Almanach über Führung. Es schildert nicht alle Theorien zum Thema, die jemals geschrieben wurden. Absichtlich nicht.

Dieses Buch ist ein Handbuch. Wie Sie bereits sehen können, ein schlankes. Zeit ist das Kostbarste, was wir besitzen, Zeit soll ja möglichst eingespart und sinnvoll verwendet werden. Daher schildere ich auf den nächsten Seiten nur das Wesentliche, das, was Sie wissen müssen, um das beschriebene Ziel zu erreichen.

Damit Sie erkennen, wie ernst ich es meine, beende ich mein Vorwort bereits an dieser Stelle. Sie können also direkt loslegen.

In diesem Sinn wünsche ich Ihnen Spaß beim Lesen und Erfolg beim souveränen Führen.

Thomas Fritzsche
Ranstadt, im Juli 2016

Einleitung

Lieber Leser, wann führen Sie souverän? Wenn Sie für jede typische Situation gut gerüstet sind. Das zu erreichen, ist Ziel dieses Buches. Die Werkzeuge in diesem Werkzeugkasten sind deshalb auf die tägliche Führungspraxis ausgerichtet, auf das praktische Tun. Angereichert mit Hintergrundwissen und „Theorie" werden die Themen immer nur dann, wenn sich aus diesem Wissen konkrete Verhaltensregeln für den Umgang mit den Werkzeugen ableiten lassen.

Wir legen im ersten Kapitel die Grundlage des Buches, indem wir „Mitarbeiterführung" definieren: Erst wenn man die Aufgabe kennt, fragt man sich, welches Werkzeug dazu passt. Was soll das also sein, wofür man eine Führungskraft bezahlt? Im Sinne des Pragmatismus erfolgt hier kein Abriss durch die Theorienwelt des Führens. Ich werde zwei kompakte Vorschläge machen, damit wir uns für das Buch auf einen gemeinsamen Nenner verständigen.

Anschließend werfen wir einen Blick auf die klassischen Führungsstile. Dabei behalten wir das Tagesgeschäft im Blick: Welcher Führungsstil hat in welchen Situationen seine Berechtigung, welche Vor- und Nachteile haben die verschiedenen Stile?

Diese Fragen dienen bereits der Vorbereitung auf den Ansatz, mit dem wir uns dann intensiv beschäftigen werden: das Modell des Situativen Führens von Hersey und Blanchard. Diese einfache, praxisnahe Herangehensweise wurde in über zwanzig Jahren meiner Tätigkeit von vielen Tausend Seminarteilnehmern äußerst positiv bewertet. Viele Führungskräfte fanden das Modell hilfreich, um nicht weiter aus dem Bauch heraus zu führen, sondern ihr eigenes Handeln an einer klaren Struktur auszurichten.

Mit der Brille dieses konkreten Modells auf der Nase werden Sie deutlich präziser führen als ohne. Sie werden rasch eine Menge Zeit einsparen, weil Sie jeden Mitarbeiter so führen, wie er es in dem Moment benötigt: Haben Sie den grundsätzlichen Ansatz verinnerlicht, ergeben sich die verschiedenen Werkzeuge für die verschiedenen

Situationen ganz von selbst. Dadurch werden Sie einfacher und klarer führen, zugleich werden Ihre Mitarbeiter stärker motiviert sein als zuvor.

Sie werden ein Analyseinstrument kennenlernen, welches Ihnen hilft, jeden Einzelnen individuell, präzise und wirkungsvoll zu führen, sodass Ihr Team täglich besser wird. Die Leistung steigt – und Sie sparen Zeit, die Sie für andere Aufgaben einsetzen können.

Unter dem Namen „Coaching" beleuchten wir im Anschluss an das Situative Führen einen Gesprächsansatz, der unabhängig von den Inhalten ideal dazu geeignet ist, Ihre Leute nachhaltig zu fördern und ihr Wissen und ihre Kompetenzen systematisch zu steigern. Diese Coachingstrategie setzt frühzeitig ein, entwickelt bei konsequenter Anwendung die Mitarbeiter praktisch von Anfang an und befähigt sie, zu lernen und zu wachsen – bei maximaler Motivation.

Dann sind wir fertig. Entlang den Linien des Situativen Führens und ergänzt um die Techniken des Coaching sind Sie gut gerüstet, Ihre Mitarbeiter durch die Höhen und Tiefen des Alltags zu führen und zu begleiten. Sie sind gut.

Da Menschen jedes Paket, in dem ein bisschen mehr drin liegt, als sie erwarten, besonders gerne mögen, wende ich dieses Prinzip auch in diesem Buch an, auch für Sie: Ich lege noch etwas ins Paket, das Ihnen dabei hilft, nicht nur gut, sondern sehr gut zu werden: Wir erweitern unsere Perspektive und werfen zum Abschluss noch einen Blick über den Zaun. Zur Abrundung schildere ich Ihnen, was die nachweislich besten Manager der westlichen Welt, so verschieden sie auch als Persönlichkeiten sind, alle ähnlich machen, wenn sie aus guten Teams Spitzenteams formen. Am Schluss, wenn Sie gut sind, geht es darum, von den Besten zu lernen, um sehr gut zu werden.

Was ist „Führung"?

Wenn wir in ein Thema einsteigen, sollten wir uns klarmachen, was wir damit meinen. Was ist „Mitarbeiterführung" für Sie? Wie würden Sie sie beschreiben? Ich verwende in meinen Seminaren zwei ganz einfache Definitionen, die ich Ihnen gerne vorstellen möchte.

Als einfachste Definition male ich die folgenden drei Buchstaben und zwei Zeichen an das Flipchart:

$$A \rightarrow B \rightarrow Z$$

Das war's. Die Idee ist, die Tätigkeit „Führung" so stark wie möglich auf das Wesentliche zu reduzieren. Die Symbole bedeuten: Person A wirkt in irgendeiner Weise auf Person B ein, damit Person B das Ziel Z erreicht. Fertig.

Das ist Mitarbeiterführung. Sind Sie einverstanden? Führung kann bedingen, andere zu instruieren. Aufgaben an sie zu delegieren. Sie zu motivieren. Die Erledigung der Aufgaben zu kontrollieren. Gegebenenfalls zu kritisieren, falls die Kontrolle kein gutes Ergebnis bringt. Zu loben, falls es gut ausfällt.

Sicher fallen Ihnen weitere Aspekte ein, meine Aufzählung ist nicht vollständig. Jedoch geht es beim Thema „Führung" stets darum, dass A in irgendeiner Weise auf B einwirkt. Und dass A dies mit dem Zweck tut, dass B sich aufgrund von As Verhalten darum kümmert, das von A gesetzte Ziel Z zu erreichen.

Natürlich könnte man das auch komplizierter darstellen. Wissenschaftler freut es bekanntlich, Zusammenhänge möglichst kompliziert zu machen. Sie würden weitere Buchstaben einfügen, zusätzliche Pfeile, Fußnoten … Sie würden Theorien dazu erstellen und einige Hundert Seiten schreiben. Wenn wir uns aber ausschließlich auf den praktischen Aspekt konzentrieren, haben wir mit den drei Buchstaben und den zwei Pfeilen auf den Punkt gebracht, wofür eine Führungskraft bezahlt wird: Sie soll ihre Mitarbeiter dazu bringen, gesetzte Ziele zu erreichen. Manchmal ist es in unserer komplexen Arbeitswelt gut, sich den eigentlichen Kern der Tätigkeit wieder vor Augen zu führen.

Ich verwende noch eine weitere Definition, die ich von einem Kollegen gehört habe. Sie enthält drei wichtige Worte, über die sich das Nachdenken und der Austausch lohnen:

> *„Führung ist die Art und Weise, wie man sich verhält, wenn man versucht, die Leistung eines Mitarbeiters positiv zu beeinflussen."*

Schauen wir zunächst, ob dieser ausformulierte Satz zur „Formel" passt, die ich vorhin beschrieben habe: Die Führungskraft A ist vorhanden, sie ist es, über die gesprochen wird. Der Mitarbeiter B wird explizit genannt. Das Ziel Z wird nicht deutlich angesprochen, es bleibt hier allgemeiner, beim Thema „Leistung". Und die Pfeile sind auch da: Es geht darum, den Mitarbeiter zu beeinflussen, und eigentlich geht es darum, seine Leistung zu beeinflussen. Das sind die beiden Pfeile. Eine Übereinstimmung ist also vorhanden, lassen Sie uns prüfen, was die Worte gegenüber der „Formel" oben außerdem noch enthalten.

Lesen Sie den Satz nochmals. – Welche Worte sind markant?

Zunächst geht es darum, dass man sich *verhält*. Führung ist demnach nicht nur Denken oder Wünschen – dieses muss sich in messbarem Verhalten niederschlagen. Wenn ich im Auto auf dem Nachhauseweg überlege, weshalb Herr Meyer seit einigen Wochen so unmotiviert erscheint, führe ich Herrn Meyer noch nicht. Erst wenn ich ein Verhalten zeige, indem ich ihn zum Gespräch bitte, nachfrage, meine Sicht schildere, seine Sicht erbitte, nach Ursachen frage, mit ihm nach Lösungen suche – wenn ich all dies aktiv tue, bin ich dabei, Herrn Meyer zu führen.

Schauen wir uns das nächste Verb an: *versuchen*. Ich versuche, die Leistung zu beeinflussen. Ist das in Ordnung? Haben wir nicht gelernt, dass solche Worte „weich" sind, dass wir sie vermeiden sollten? Und läutet nicht eine Alarmglocke, wenn andere sie verwenden? „In Ordnung, Chef, ich versuche das dann mal umzusetzen" sollte uns aufwecken – der Mitarbeiter, der uns mit dieser Aussage kommt, ist noch nicht überzeugt, dass das, was wir besprochen haben, auch klappt. „Er hat sich stets bemüht" in einem Zeugnis klingt so ähnlich wie „Er hat es versucht" – und impliziert bekanntlich, dass das Bemühen vergeblich gewesen ist. Weshalb also beinhaltet unsere Definition ein so schwaches Wort?

Es ist interessant: In Seminaren in den unterschiedlichsten Kontexten, ob in Firmen mit autoritären oder sehr kooperativen Führungsgewohnheiten, finden die Teilnehmer immer die Antwort auf diese Frage, was ich für ein gutes Zeichen halte. „Wir können immer nur versuchen, den anderen zu beeinflussen – aber wir können nie zu 100 Prozent sicher sein, dass es wirklich klappt." Das ist die Antwort, die in jeder Gruppe relativ rasch kommt – weshalb hier ganz bewusst das Wort „versuchen" gewählt wurde.

„Versuchen" steht an dieser Stelle für Demut, für Bescheidenheit. Ich selbst wende seit 25 Jahren regelmäßig Hypnose an (als Psychotherapeut und Coach). Allgemein gilt Hypnose als *das* Mittel, andere Menschen zu beeinflussen. Dennoch, und gerade auch aus diesem Erfahrungsfeld, weiß ich ganz genau: Wenn der andere Mensch im tiefsten Inneren nicht überzeugt ist oder wenn er eine klare innere Grenze hat, starke Werte und Motive, etwas zu tun oder nicht zu tun, so kann ihn nichts und niemand, auch keine Hypnose, dazu bringen, es dennoch zu tun.

In diesem Sinn ist alles, was wir tun, um andere Menschen zu etwas zu bringen, was wir gerne möchten, ein Versuch, dessen Ausgang nie vollkommen sicher ist. „Und das ist auch gut so", wie ein Berliner Bürgermeister einmal sagte, denn stellen Sie sich vor, es würde Menschen geben, die jeden Menschen immer und bei jedem Thema zu 100 Prozent beeinflussen könnten – das wäre sicher auch für Sie ein sehr beunruhigender Gedanke!

Werfen wir einen Blick auf das dritte Verb im oben stehenden Satz: *beeinflussen.* Während wir über die Berechtigung des Worts „versuchen" in verschiedensten Arbeitswelten rasch Konsens bekommen, ruft das Wort „beeinflussen" sehr unterschiedliche Reaktionen hervor, je nachdem, wo ich über das Thema „Mitarbeiterführung" spreche.

In Wirtschafsunternehmen wird es als logisch gesehen, dass es bei der Führung von Mitarbeitern darum geht, diese zu beeinflussen. Hier wird im Allgemeinen entspannt genickt: Das Wort ist in Ordnung, es darf in der Definition vorkommen.

Arbeite ich dagegen mit Führungskräften aus sogenannten Non-Profit-Unternehmen oder in Unternehmen, in deren Kultur ein besonders sanfter Umgang miteinander üblich ist, dann sieht das ganz anders aus.

Als Psychologe führe ich gelegentlich Teamsupervisionen in Einrichtungen der Diakonie, des Gesundheitsamts oder in einer Psychiatrie durch. Stelle ich dort in der Kennenlernrunde einer Gruppe die Frage, wer denn „der Chef" der Gruppe sei, bekomme ich häufig die folgende Reaktion: Sieben Leute schauen auf eine achte Person, während diese verlegen nach unten blickt und mehr oder weniger verlegen „ich" murmelt: Die Führungskraft gibt sich zu erkennen. Manchmal wird dieses „Geständnis" noch begleitet von einer Abschwächung wie zum Beispiel: „Ich nehme aber ganz normal wie alle anderen auch am Tagesdienst teil."

Es gibt also Kontexte, in denen es nicht chic ist, Chef zu sein: Dort ist es auf der oberflächlich kommunizierten Ebene etwas, wofür man sich entschuldigt, etwas, was man keineswegs mit Ehrgeiz angestrebt hat, sondern was man nur macht, weil es einer machen muss – und man sich opfert.

Ich will an dieser Stelle nicht über die systemischen Auswirkungen einer solchen Haltung schreiben – sonst würde das ein Buch über Teamentwicklung. Sie können sich denken, dass es in einer solchen Umgebung verpönt ist, zu sagen, dass man andere Menschen beeinflussen möchte oder sie kraft seines Amtes beeinflussen soll. Das gehört sich dort nicht, beeinflussen ist nicht „nett", und es gehen doch immer alle nett miteinander um – praktisch per definitionem. Wenn man nett zueinander ist, dann sind alle automatisch motiviert und glücklich – und motivierte Menschen tun alles gern und freiwillig, so lautet die Philosophie dahinter.

Ich teile diese Philosophie nicht – nach meiner Erfahrung gibt es sehr unangenehme Auswirkungen, wenn man als übergeordnete Regel explizit oder auch nur implizit „Wir sind immer nett zueinander" festgelegt hat. Ich habe Unternehmen kennengelernt, in denen diese Regel zur nächsten Regel, „Hier wird keiner entlassen", geführt hat – mit der Folge, dass die Mitarbeiter über ihre Führungskräfte gelacht haben und teilweise geradezu unverschämt zu ihnen waren.

Ähnlich wie Kinder von Eltern, die „immer lieb" sein möchten, immer stärker die Grenzen testen und diese durch extremes Verhalten womöglich indirekt einfordern, werden auch Mitarbeiter, denen man keine Grenzen setzt, reagieren. Klare Grenzen, Klarheit über Regeln, gibt Sicherheit.

Aus diesen Gründen kommt in der oben stehenden Definition von Führung das Wort „beeinflussen" vor: Nach meiner Auffassung ist es die Aufgabe einer Führungskraft, die eigenen Mitarbeiter zu beeinflussen, und es erscheint mir wichtig, sich dies klar vor Augen zu führen. Letzten Endes wird die Führungskraft genau dafür bezahlt, dass sie andere Leute dazu bringt, definierte Ziele zu erreichen. Führungskräfte, die diesen Teil ihrer Aufgabe offiziell leugnen, erzeugen Chaos, da sie widersprüchliche Botschaften ausstrahlen.

Nun haben wir über drei Verben in der kurzen Definition gesprochen: *sich verhalten, versuchen, beeinflussen.* Lassen Sie mich abschließend noch auf ein Adjektiv hinweisen: *positiv.* Über diesen Begriff lässt sich tatsächlich streiten. Er muss da nicht stehen. Schließlich habe ich als Führungskraft manchmal bestimmten Verhaltensweisen entgegenzuwirken.

Wenn ich einen Mitarbeiter führe, der sich in unwichtigem Kleinkram verzettelt, anstatt sich um die wesentlichen Dinge zu kümmern, muss ich ihn dazu bringen, das Verzetteln zu lassen und den Kleinkram zu ignorieren.

Wenn ich andere Führungskräfte führe und diese delegieren nicht, sondern kümmern sich selbst um Aufgaben, die ihre Mitarbeiter erledigen sollten, dann muss ich auf diese Führungskräfte einwirken, weniger (selbst) zu tun und mehr zu delegieren.

Wenn ich für einen Mitarbeiter verantwortlich bin, der überall nur das Schlechte sieht, pessimistisch ist und auch die Kollegen mit seiner negativen Sichtweise runterzieht, muss ich ihn dazu bringen, das sein zu lassen.

Diese Beispiele sind alle richtig. Dennoch möchte ich Sie einladen, auch bei solchen Themen nicht nur zu überlegen, was die Menschen sein lassen, sondern was sie stattdessen tun sollten. Ich weiß aus vielen Bereichen meiner Tätigkeit, dass es für das Gehirn viel leichter ist, sich auf das zu konzentrieren, was es tun soll. Wenn man etwas nicht tun möchte, tut man es manchmal deswegen, weil man es nicht tun will, erst recht. Es erscheint wie verhext: Je mehr man gegen etwas ankämpft, desto schwerer kommt man davon los.

Probieren Sie es aus: Es ist einfacher, sowohl für Ihren Mitarbeiter wie auch für Sie selbst, wenn Sie die Ziele positiv formulieren. Überlegen Sie einmal für die drei Beispiele oben, wie das aussehen würde. Was könnten Sie anstatt „Bitte verzetteln Sie sich nicht!" sagen? Was ist die positive Formulierung für „Hängen Sie sich nicht so sehr in die Aufgaben Ihrer Mitarbeiter hinein!"? Und wie halten Sie jemanden davon ab, alles nur negativ zu sehen?

Richtig: Sie können auch sagen: „Bitte machen Sie sich klar, was das Wesentliche ist, und konzentrieren Sie sich dann darauf!"

Ebenso können Sie fordern: „Delegieren Sie konkrete Aufgaben an Ihre Mitarbeiter; unterstützen Sie die Mitarbeiter dabei, die delegierten Aufgaben umzusetzen; mittelfristig sollte das Ziel dabei sein, diese Aufgaben komplett ohne Ihre Hilfe zu bewältigen!"

Dem Pessimisten können Sie zwar seinen Pessimismus nicht abgewöhnen, Sie können ihn aber bitten, zu jedem Nachteil, den er schildert, stets auch einen Vorteil zu nennen, oder bei jedem Problem, das er sieht, bereits über Lösungsideen nachzudenken, bevor er mit Ihnen oder jemand anderem darüber spricht.

Es ist eine Übung in geistiger Disziplin, die sich lohnt: Sagen Sie, was Sie möchten, und nicht, was Sie nicht möchten. Es ist konstruktiver für Sie selbst wie für Ihre Mitarbeiter. Deshalb habe ich das Wort „positiv" oben eingefügt – es ist nicht zwingend nötig, aber es hilft ungemein.

Zusammenfassung

Es gibt unbegrenzt viele Definitionen von Führung. Für dieses Buch werden zwei Definitionen in Anspruch genommen, die kurz und kompakt sind. Kern beider Definitionen ist, dass es beim Führen darum geht, Mitarbeiter zu beeinflussen, bestimmte Ziele zu erreichen. Das ist die Aufgabe einer Führungskraft.

Klassische Führungsstile

Vor langer Zeit war man der Meinung, zur Führungskraft müsse man geboren sein. „Man hat es, oder man hat es nicht" – das Zeug zu einem guten Chef oder einer guten Chefin. Eigenschaften wie Dominanzstreben, Mut, Entscheidungsfähigkeit, Selbstvertrauen usw. wurden in diesem Zusammenhang als „wichtige Führungskompetenzen" aufgeführt. Seriöse Forschung konnte allerdings nie einen Zusammenhang zwischen der Ausprägung solcher Persönlichkeitseigenschaften und dem Erfolg von Führungskräften nachweisen – ein Zusammenhang zwischen Persönlichkeit und Führungserfolg existiert also nicht (Yuki, 2012). Egal ob Sie sich für besonders mutig und entscheidungsfreudig halten oder nicht, Ihr Erfolg als Führungskraft wird nicht davon abhängig sein.

Später hat man versucht, einen Zusammenhang zwischen verschiedenartigen Verhaltensweisen von Führungskräften und ihrem Erfolg herauszufinden. Auch in diesem Bereich gab es keine eindeutige Antwort – wir werden noch sehen, weshalb. Dennoch hat die Frage, welcher Führungsstil „der beste" sei, die Forschung über Jahrzehnte beschäftigt. Die drei klassischen Führungsstile wurden von Kurt Lewin (1939) eingeteilt und erforscht. Nach meiner Kenntnis untersuchte Lewin zunächst in Schulklassen unterschiedliche Verhaltensstile von Lehrern und ihre Auswirkungen auf verschiedene Aspekte wie Lernerfolg, Klassenklima usw. Später übertrug man dann diese Fragestellung auf das Feld der Mitarbeiterführung, ebenfalls mit der Frage, inwiefern das Verhalten der Führungskräfte Auswirkungen auf Leistung und Zufriedenheit der Mitarbeiter habe. Ich nehme das Ergebnis vorweg: „Keiner der klassischen Führungsstile ist eindeutig den anderen überlegen."

Das Ziel dieses Buches besteht darin, Ihnen eine sinnvolle und nützliche Orientierung für Ihr tägliches Arbeiten als Führungskraft zu geben. Zu diesem Zweck ist es hilfreich, über diese Feststellung hinaus, „Kein klassischer Führungsstil ist eindeutig der beste", die drei bekanntesten klassischen Führungsstile kurz zu beleuchten. Ich werde dies tun jeweils mit dem Blick auf die Vor- und Nachteile sowie auf die denkbaren Anwendungsfelder. Dies erscheint mir wichtig, weil ich viele Führungskräfte kennengelernt habe, die einen dieser Stile für „besonders geeignet" halten und ihm entsprechend folgen – auch wenn sie das nicht immer bewusst tun, sondern oft rein intuitiv.

Welche Probleme sie sich damit einhandeln, soll im Folgenden skizziert werden. Wie eine Lösung aussehen kann, werde ich dann im wiederum nächsten Schritt zeigen.

Autoritär

Dieser Stil wird gelegentlich auch als „hierarchisch", „militärisch" oder, wenn er sehr deutlich auf eine bestimmte Person bezogen ist, als „patriarchalisch" bezeichnet. Gemeint ist damit prinzipiell, dass die Führungskraft alleine entscheidet, wo es langgeht. Sowohl in Bezug auf die Ziele wie auch in Bezug auf die Art und Weise, wie die Ziele zu erreichen sind, kommt die Anordnung stets klar „von oben". Die Mitarbeiter werden in die Entscheidungen grundsätzlich nicht mit einbezogen. Die Führungskraft erwartet Gehorsam und buchstabengetreue Umsetzung der erteilten Anweisungen, Kritik oder Widerspruch ist verpönt. Auf Fehler erfolgen Strafen und oft auch Vorwürfe.

Übung

Bitte überlegen Sie sich die Vor- und Nachteile dieses Führungsstils; ziehen Sie danach entsprechende Schlussfolgerungen, in welchen Tätigkeitsfeldern dieser Stil sinnvoll ist.

Vorteile: _____
_____
_____

Nachteile: _____
_____
_____

Anwendungsfelder: _____
_____
_____

Das war leicht, oder? Autoritäres Anweisen von oben nach unten ohne jegliche Diskussion hat *den Vorteil* der *Schnelligkeit* und der *Eindeutigkeit*. Chef oder Chefin sagen klar und deutlich, was sie möchten, und die Mannschaft spurtet los, um das Gewünschte umzusetzen. Es gibt keine Diskussionen, keine Uneinigkeit, jeder weiß, woran er ist. Ebenfalls klar ist, wer welche Rolle innehat. Kurzfristig kann dieser Verhaltensstil Energien freisetzen.

Die *Nachteile* sind genauso klar: Für die meisten Menschen ist es *nicht motivierend*, wenn sie nur ausführen sollen, was ein anderer entscheidet. Da in praktisch allen Fällen zehn Menschen klüger sind als einer, ist die *Fehlerhäufigkeit größer*, wenn nur einer denkt und die anderen nicht gefragt werden. Begabungen, Ideen und *Talente werden nicht genützt;* ein „Spitzenteam" kann in diesem Rahmen nicht entstehen. Weiterhin haben wir in dem Moment, in dem der Kopf an der Spitze ausfällt (der Chef ist im Urlaub oder krank), überall dort ein Problem, wo dieser Kopf zuvor für Ordnung gesorgt hat: beim Denken und bei der Disziplin. Hat man den Menschen zuvor das Denken abgewöhnt, sind sie zunächst *unselbstständig und hilflos, wenn die Führungskraft ausfällt.* Hat man sie seit Jahren diszipliniert, tanzen die Mäuse auf dem Tisch, wenn die Katze einmal aus dem Haus ist.

Kommen wir zur dritten Frage: Gibt es trotz dieser Nachteile *Anwendungsfelder,* in denen dieser Stil sinnvoll ist? Richtig: überall dort, wo die Vorteile wichtiger sind als die Nachteile. Das ist besonders der Fall, wenn „Gefahr im Verzug" ist, überall also, wo es schnell gehen muss. Dann wiegt der Vorteil der hohen Geschwindigkeit stärker als die verschiedenen Nachteile.

Entsprechend finden Sie den autoritären Führungsstil zum Beispiel bei der Feuerwehr: Wenn Ihr Haus brennt, möchten Sie nicht, dass die Feuerwehrleute erst demokratisch über ihr Vorgehen abstimmen. Die Diskussion „Wer ist für einen A-Schlauch? Wer für einen B-Schlauch?" ist sinnlos, während Ihr Dachstuhl runterbrennt. Sie finden den autoritären Führungsstil auch im Krankenhaus: Bei der Operation am offenen Herzen sollten keine Grundsatzdiskussionen geführt werden, auch hier muss eine Person klar sagen, was getan wird. Und wie das Synonym „militärischer Führungsstil" schon sagt, finden wir diesen Stil natürlich auch im militärischen Bereich. Stellen Sie sich vor, der General brüllt: „Stürmen, marsch, marsch!", – und die Mannschaft sagt: „Moment bitte, das müssen wir erst in Ruhe ausdiskutieren!" Würden wir überall auf der Welt den demokratischen Führungsstil beim Militär einführen, würde es sicher in vielen Regionen deutlich friedlicher zugehen.

Übrigens: Auch wenn bei einer Operation die rasche und effiziente Befehlskette notwendig ist, kann man die Gefahren des autoritären Führungsstils im heiklen Feld des Krankenhauses ebenfalls gut demonstrieren: Cialdini (2013) berichtet von einem Patienten, der für mehrere Tage Ohrentropfen in den Allerwertesten geträufelt bekam, weil der neue Arzt das so verordnet hatte und niemand die Anweisung hinterfragte. Erst als der Patient hartnäckig nach dem Sinn fragte, stellte sich heraus, dass der Arzt den Namen der Tropfen zusammen mit dem Kürzel „re" notiert hatte und damit „rechtes Ohr" meinte – so war er es aus seinem früheren Krankenhaus gewohnt. In diesem Krankenhaus jedoch war das „re" seit Jahren für „rektal" reserviert, weshalb man ohne nachzudenken die Ohrentropfen in die so definierte Öffnung appliziert hatte.

Ähnliche Geschichten von noch größerer Tragweite findet man auch bei der Fehleranalyse von Flugzeugabstürzen. Untersuchungen zeigen, dass je nach Studie zwischen 50 und 70 Prozent der Ursachen für Flugzeugabstürze auf fehlerhafte Kommunikation im Cockpit zurückzuführen sind (Lessmöllmann, 2004). Die Auswertung vieler Flugschreiber zeigte, dass riskante Pilotenentscheidungen von der übrigen Crew zwar sehr häufig bemerkt wurden, aber aufgrund der autoritär ausgerichteten Kommunikationsstruktur nicht deutlich als solche benannt wurden – bis es zu spät war.

Demokratisch

Wie sieht es mit dem zweiten Führungsstil des klassischen Trios aus? Der demokratische wird oft auch als der kooperative Stil bezeichnet. Damit ist gemeint, dass die Führungskraft die Mitarbeiter bei Entscheidungen mit einbezieht, Diskussionen unterstützt und fördert, manchmal ganz bewusst fordert. Natürlich trifft die Führungskraft am Ende die Entscheidung – jedoch auf Basis der vorangegangenen Diskussion und im Allgemeinen auch transparent und nachvollziehbar für die Beteiligten.

Ich gebe Ihnen auch hier zunächst Zeit, sich selbst mit dem Stil auseinanderzusetzen.

· ·

Übung
· ·

Bitte überlegen Sie sich die Vor- und Nachteile dieses Führungsstils; ziehen Sie danach entsprechende Schlussfolgerungen, in welchen Tätigkeitsfeldern dieser Stil sinnvoll ist.

Vorteile: _____

_____

_____

Nachteile: _____

_____

_____

Anwendungsfelder: _____

_____

_____

· ·

Sicher haben Sie es bemerkt: Dieser Stil ist das Spiegelbild des autoritären Führungsstils: Vor- und Nachteile drehen sich gewissermaßen um.

Betrachten wir die *Vorteile:* Indem die Mitarbeiter in den Entscheidungsprozess eingebunden sind, steigt ihre *Motivation* – sie werden gefragt, ihre Meinung ist wichtig. Ebenfalls steigt normalerweise die *Qualität* der Entscheidungen, da mehr Köpfe aktiv mitdenken – eine Ausnahme zu dieser Regel werden wir gleich noch anschauen. Die Gefahr von schlechten Entscheidungen sinkt also im Vergleich zum autoritären Führungsstil. Sollte die Führungskraft im Urlaub oder krank sein, *bleibt die Leistung* dennoch auf hohem Niveau, weil die Mitarbeiter gewohnt sind, nachzudenken und sich mit den Aufgaben selbstständig auseinanderzusetzen. Es wird *mehr Energie* freigesetzt, da alle Beteiligten klarer hinter den Entscheidungen stehen und sich stärker mit den Aufgaben und Lösungswegen identifizieren. Die Führungskraft wird durch diesen Aspekt, auch wenn sie anwesend ist, *entlastet*. Das Klima insgesamt ist im Idealfall offen und kollegial.

Wenn wir nach den entsprechenden *Nachteilen* des demokratischen Stils fragen, finden wir passend zum wichtigsten Vorteil des autoritären Führungsstils hier die entsprechende Kehrseite: Diskussionen und

Demokratie brauchen Zeit, die *Geschwindigkeit sinkt*. Weiterhin haben wir gerade bei den Vorteilen gesagt, dass die Qualität der Entscheidungen besser wird, wenn viele kluge Köpfe dazu beitragen. Entwickelt sich innerhalb der kooperativen und demokratischen Rahmenbedingungen jedoch eine Atmosphäre, in der sich alle (zu sehr) „lieb haben", kommt ein weiterer Nachteil ins Spiel: Die Qualität der Entscheidungen ist dann nicht mehr maximal, sondern plötzlich mangelhaft, da man sich am kleinsten gemeinsamen Nenner orientiert, um keinem auf die Füße zu treten.

Nehmen wir als Beispiel die Hoffnungen, die in Deutschland 2005 mit der Großen Koalition von CDU/CSU und SPD verbunden waren: Endlich habe man genügend Stimmen, um mutige, bahnbrechende, dringend notwendige Veränderungen im Parlament durchzusetzen! Gesundheitswesen, Finanzpolitik, Bildungssystem – überall wurden große Entwürfe erwartet. Was haben wir bekommen? „Der Berg kreiste – und gebar ein Mäuschen" ist das Sprichwort, das am besten beschreibt, was die Große Koalition in den ersten, so vielversprechenden Jahren tatsächlich zustande brachte: So viele Interessen mussten berücksichtigt, so viele Gruppen zufriedengestellt werden, dass die Ergebnisse größtenteils nur einen traurigen Kompromiss abgebildet haben.

Auch bei einem meiner Kunden habe ich Ähnliches erlebt: Mitte der 1990er-Jahre war es ein dynamisches, schlagkräftiges Unternehmen, das mit wenigen Entscheidern an der Spitze großartige Entwürfe produzierte, die rasch umgesetzt wurden und den enormen Erfolg des Unternehmens zu dieser Zeit begründeten. Fast zwanzig Jahre später, mit 60 bis 80-facher Größe, benötigen schon kleine Entscheidungen Monate, manchmal sogar Jahre; oft erscheinen sie dem Außenstehenden in ihrer Qualität mangelhaft oder so „wischi-waschi", dass man sich an Politiker-Statements erinnert fühlte. Heute wirken in Gremien und Instanzen so viele Köche mit, dass der erzeugte sprichwörtliche Brei häufig recht ungenießbar schmeckt.

Lassen Sie uns auch für diesen Führungsstil nach den *Anwendungsfeldern* schauen. Der demokratische Stil ist besonders wichtig immer dort, wo es um die Qualität der Entscheidungen geht, wo Sie kluge Köpfe versammelt finden.

Wenn Sie am Fließband in einer Fleischfabrik entscheiden, die Portionsgröße zu verändern, weil Ihr Vertrieb Ihnen sagt, dass sich diese

Portion besser verkauft als jene, müssen Sie nicht alle Arbeiter einzeln dazu befragen. Wenn Sie aber als Vorstandsvorsitzender die Ausrichtung des Unternehmens für die nächsten drei Jahre bestimmen, tun Sie gut daran, die einzelnen Vorstände, die Ressortchefs, intensiv in Ihre Entscheidung mit einzubeziehen. Im Idealfall treffen Sie die Entscheidung wirklich gemeinsam: So viele kluge Köpfe und Experten werden (hoffentlich) dazu beitragen, dass die Erörterungen die Komplexität des Unternehmens und der Marktsituation ebenso berücksichtigen wie gegebenenfalls die Ansprüche der externen Shareholder, der Kunden und Geschäftspartner.

Kurz: Je klüger die Mitarbeiter, je komplexer das Thema, desto wertvoller der Vorteil, den Sie durch den demokratischen Führungsstil erzielen.

Laisser-faire

Der dritte Führungsstil erscheint den meisten Führungskräften zunächst als der exotischste: Laisser-faire, „machen lassen" auf gut Deutsch, ergibt für viele wenig Sinn. Dennoch existiert er in manchen Feldern mehr oder weniger ausgeprägt. Manchmal wird nur der Weg offengelassen, den die Mitarbeiter zum Erreichen der Ziele beschreiten, während die Ziele von oben definiert werden. In anderen Fällen bleiben Ziele *und* Weg den Mitarbeitern überlassen, während im extremsten Fall die Mitarbeiter sogar die eigenen Aufgaben selbst definieren. Laisser-faire beschreibt also ein recht breites Spektrum von Führungsverhalten.

Nehmen Sie sich wieder einen Moment Zeit, selbst zu überlegen.

Übung

Bitte überlegen Sie sich die Vor- und Nachteile dieses Führungsstils; ziehen Sie danach entsprechende Schlussfolgerungen, in welchen Tätigkeitsfeldern dieser Stil sinnvoll ist.

Vorteile: _____

_____

_____

_____

Nachteile: _____
_____
_____

Anwendungsfelder: _____
_____
_____
....

Diesmal tauchen andere Aspekte auf als bei den beiden ersten Kategorien. Betrachten wir sie im Einzelnen:

Was sind die *Vorteile*, wenn eine Führungskraft die Mitarbeiter „machen lässt"? Zunächst können sich die Mitarbeiter *frei entfalten,* sie können die Dinge so tun, wie sie es gerne tun möchten. Bei den geeigneten Personen setzt dies *große Energien* frei, da sie durch nichts gebremst werden. Insbesondere *Hochleistungspersönlichkeiten* entwickeln sich ungehindert, man aktiviert ihr gesamtes Potenzial, indem man sie durch keinerlei Vorgaben beim Erreichen ihrer Ziele behindert. Wenn alle tun dürfen, was sie gerne tun und was sie für richtig halten, sollte man erwarten, dass die Arbeitsatmosphäre positiv ist. Wünscht man *Buntheit, Vielfalt und Kreativität,* wird man auf diesem Weg besonders viel davon bekommen.

Wenn wir die *Nachteile* betrachten, so geht mit der großen Offenheit auch eine große *Unklarheit* einher. Bei Unklarheit bezüglich der gestellten Aufgaben und Rollen kann deshalb *Chaos* ein unerwünschtes Ergebnis des Laisser-faire-Stils sein. Menschen, die sich selbst nicht gut führen können, sind angesichts von fehlenden Vorgaben und fehlender Struktur rasch *verunsichert.* Weiterhin ist zu befürchten, dass beim Fehlen von klaren Maßstäben, was als gut und was als schlecht gilt, manche Mitarbeiter die Situation ausnützen werden: Es kommt zu *Disziplinproblemen.* Ohne klare Qualitätsmaßstäbe gibt es leider oft *Streit und Rivalität,* denn auch ein sich selbst sehr gut motivierender Mitarbeiter wird sich ärgern, wenn er beobachtet, wie andere sich bequem einrichten und nur halb so viel arbeiten wie er – oder sich schlimmstenfalls noch auf seine Kosten ausruhen.

Wo ist die *Anwendung* dieses Stils dennoch sinnvoll? Oben haben wir schon von der Buntheit und der Vielfalt gesprochen, die durch den Laisser-faire-Stil gefördert wird. Allgemein ist in kreativen Geschäftsfeldern Laisser-faire mehr verbreitet als anderswo. Dazu gehören

Werbung und Marketing, aber auch Forschung und Wissenschaft. Sie können einem Physiker nicht vorschreiben, bis wann er eine Entdeckung zu machen hat – meistens können Sie ihm nicht einmal vorschreiben, welche Entdeckung es zu sein hat. Hier ist ein großer Freiraum notwendig – wenngleich dieser in der Realität für die meisten Menschen nicht unbegrenzt sein dürfte. Ich erinnere mich daran, wie mich ein Schulfreund aus Thailand anrief: Seine Werbeagentur hatte vier Wochen lang den 26. Stock eines Hotels in Thailand komplett für ihre Kreativabteilung gebucht, damit diese sich für ein Fastfood-Unternehmen in aller Ruhe eine Kampagne für die „thailändische Woche" überlegen könnte – nun waren die vier Wochen fast um, und die ganze Gruppe hatte noch keine wirklich brauchbaren Ideen entwickelt. Sicher ist nachvollziehbar, dass dann ein ordentlicher Stress aufkommt.

Nun haben wir die drei sogenannten klassischen Führungsstile betrachtet und verglichen. Wäre dies ein Buch über „Führung insgesamt", ein Grundlagenwerk, müsste ich noch eine Menge weiterer Führungsstile und Ansätze genauso ausführlich schildern – denn es gibt ein gutes Dutzend, die ebenfalls häufig empfohlen werden.

Nehmen wir die Dialogische Führung, deren Anliegen es ist, alle Menschen im Unternehmen möglichst ernst zu nehmen und sie durch umfassende Information und Einbezug in die Lage zu versetzen, wie ein Unternehmer zu denken (Dietz & Kracht, 2011).

Einen anderen Ansatz verwendet der Transaktionale Führungsstil (Robbins et al., 2014): Mitarbeiter und Führungskräfte machen täglich Transaktionen, sie tauschen also etwas aus: Die einen geben Leistung, die anderen geben Feedback und Kontrolle beziehungsweise Entlohnung – eine sehr sachliche Betrachtungsweise, die ihren Ansatz vorwiegend aus betriebswirtschaftlich-rationalen Interpretationen des Menschen bezieht. Motivation soll hier zum Beispiel durch das Feedback entstehen, das der Mitarbeiter bekommt, die Transaktion ist also „Motivation gegen Feedback".

Heute spricht man, auch in Abgrenzung zur Transaktionalen Führung, gerne von der Transformationalen Führung, die als Weiterentwicklung gilt (Heidbrink & Jenewein, 2011). Über den schlichten Austausch hinaus, der die Grundlage des Transaktionalen Führungsstils bildet, geht es bei diesem Stil um die Frage, wie das Bewusstsein und das Verhalten der Menschen im Unternehmen durch das Verhalten der Führungskraft verändert, eben transformiert, werden kann. Ziel ist es, durch Wertschätzung Begeisterung und Gefühle wie Stolz zu bewirken. Ein interessanter Ansatz, zumal einige Studien zeigen, dass dieser Führungsstil tatsächlich mit messbarem Erfolg einhergeht. Sie sehen, es gibt noch viele Ansätze von unterschiedlicher Denkweise und Qualität. Da ich kein Lehrbuch über Führung schreibe, sondern ein Praxisbuch mit dem notwendigen Handwerkszeug, will ich hier nicht in die Breite gehen und möglichst viele Modelle vorstellen, sondern mich vom Gedanken der Nützlichkeit und der praktischen Anwendbarkeit leiten lassen.

Zusammenfassung

Über Führungsstile wurde schon viel geschrieben und viel geforscht. Man kennt drei klassische Führungsstile: den autoritären, den demokratischen und den Laisser-faire-Führungsstil. Jeder dieser Ansätze besitzt nachgewiesen Vor- und Nachteile. Man kann also nicht sagen, dass einer der beste wäre – es kommt immer auf die Situation an.

Die Vorteile des autoritären Stils liegen vorwiegend im Tempo und in der Klarheit – dieser wird überall eingesetzt, wo es schnell gehen muss: Feuerwehr, Krankenhaus, Militär.

Die Vorteile des demokratischen Stils liegen in der Aktivierung und Motivation der Mitarbeiter, in der größeren Klugheit durch die Beteiligung von mehr Köpfen; hier läuft der Betrieb auch, wenn die Führungskraft nicht im Haus ist. Man wendet diesen Stil an, wenn es um komplexe und anspruchsvolle Fragestellungen geht bzw. wenn die Mitarbeiter selbst weit entwickelt sind (Vorstand mit Geschäftsführern, Geschäftsführer mit fachlichen Experten).

Autoritärer und demokratischer Stil verhalten sich in den Vor- und Nachteilen zueinander wie zwei Seiten einer Medaille.

Der Laisser-faire-Stil wird eingesetzt, wenn es darum geht, die Mitarbeiter an der langen Leine zu lassen; meistens werden trotz des Begriffs die Ziele definiert, nur der Weg bleibt offen. Man findet den Stil im Kreativbereich, sei es in der Werbung, sei es in der Forschung. Er passt für die Führung von Topmitarbeitern, die ihre Aufgaben letzten Endes fast ohne Führung erledigen können.

Heute werden Stile wie der Transaktionale und vor allem dessen Weiterentwicklung, der Transformationale Führungsstil, fokussiert und erforscht. Bei Letzterem geht es darum, nicht nur technisch-sachlich zu führen, sondern Wertschätzung und die Möglichkeit zur Begeisterung bewusst mit einzusetzen, um mehr zu erreichen.

Situatives Führen 1: Verschiedene Mitarbeiter

Die Gegenüberstellung der klassischen Führungsstile hat gezeigt: Jeder Stil hat Vorteile. Jeder Stil hat Nachteile. Jeder hat auch spezielle Anwendungsfelder, in denen er recht gut passt. Dennoch, oder deshalb, gibt es keinen „besten" Führungsstil, der sich ermitteln lässt – eben weil es um Passung geht. Je nach Situation passt manchmal das eine Verhalten besser zu den Aufgaben und zur Zielgruppe, manchmal das andere. Diese Erkenntnis liegt dem Ansatz zugrunde, den ich Ihnen jetzt vorstelle und den ich für den Einstieg in die Herausforderungen der Mitarbeiterführung für einfach, praktikabel und wirklichkeitsnah halte.

Man nennt ihn Situatives Führen (Hersey & Blanchard, 2013), da er das Problem aufgreift, welches die beschriebenen klassischen Führungsstile nicht lösen konnten: Es gibt eben nicht ein einziges Verhalten, welches für alle denkbaren Führungssituationen gleichermaßen geeignet ist. Man kann nicht die Feuerwehr im Einsatz gleich behandeln wie die Vorstandskollegen im Strategiemeeting, und diese nicht so wie die Forscher im Labor. *Je nach Situation* tun wir gut daran, ein anderes Verhalten zu zeigen, um wirkungsvoll zu führen.

Der Bewerber

Bevor wir das Modell betrachten, möchte ich Sie zu einem Gedankenexperiment einladen. Stellen Sie sich vor, Sie arbeiten in einem Unternehmen, dessen Filialen im ganzen Land verteilt sind, und Ihre Filiale befindet sich im Allgäu, ganz im Süden von Deutschland. Auf einem Seminar lernen Sie nun eine Kollegin aus Hamburg oder Berlin kennen, aus dem hohen Norden; in der Pause erzählen Sie, dass Sie für die Position eines Abteilungsleiters gerade dringend einen neuen

Mitarbeiter suchen. Die Kollegin ist entzückt, sie sagt, sie habe einen tollen Mitarbeiter, der für genau diese Position sicherlich gut geeignet wäre und der sich bestimmt gerne vom Norden in den Süden begeben würde. Die Kollegin fragt Sie, ob Sie diesen Mitarbeiter nicht gerne einmal anschauen möchten.

Sie überschlagen die Entfernung, zweimal ca. 800 km, und berechnen die Fahrtkosten, die sie auf jeden Fall erstatten müssen, zusätzlich die Übernachtungskosten, die bei solch weiten Reisen anfallen. Daraufhin beschließen Sie, dass Sie der Kollegin aus dem Norden zunächst möglichst viele Fragen stellen möchten, bevor Sie entscheiden, ob Sie in das Bewerbergespräch wirklich so viel Geld investieren möchten.

. . . .

Übung

. . . .

Bitte notieren Sie 10 bis 12 Fragen, die Sie der Kollegin aus dem Norden zunächst stellen, damit Sie entscheiden können, ob Sie sich den „tollen Mitarbeiter" wirklich einmal persönlich anschauen möchten.

- _____
- _____
- _____
- _____
- _____
- _____
- _____
- _____
- _____
- _____

. . . .

Wir werden Ihre Liste gleich gemeinsam durchschauen. Doch zuvor betrachten wir noch die Grundgedanken des Situativen Führens.

Quadratisch, praktisch, gut

Ich stelle Ihnen nicht das Originalmodell mit allen seinen teilweise abstrakten Formulierungen vor, sondern die etwas abgewandelte Form, die ich im Dialog mit vielen Tausend Führungskräften in meinen Seminaren verwendet habe. Die Gedanken sind praktisch gleich, aber die Formulierungen alltäglicher und daher eingängiger und praktikabler. Sie sollen ja hier keine Theorie lernen, sondern praktisches Werkzeug für Ihr Führungsverhalten bekommen.

Oben haben wir gesagt, dass *ein* Führungsstil nicht genügt, da wir je nach Anforderung, je nach Situation, andere Dinge tun sollten. Zuerst müssen wir definieren, was das wichtigste Kriterium für „Situation" eigentlich ist. Wie und wann sollen wir uns als Führungskraft unterschiedlich verhalten? Nach welcher Art von „Situation" sollen wir uns richten? Nach dem Wetter? Bei Sonne anders führen als bei Regen? Natürlich nicht. Richten wir uns nach dem aktuellen Unternehmenserfolg, dem Stand unseres Aktienkurses? Schon eher denkbar: Geht der Kurs nach unten, führen wir hektisch und vielleicht sogar aggressiv, steht der Kurs gut, lassen wir die Leinen lockerer. Verständlich, auch menschlich – aber nicht tauglich zur Ableitung von sinnvollem, situativ klug angepasstem Verhalten.

Hersey und Blanchard haben ein anderes Kriterium ausgewählt, nach dem sie ihren Führungsstil richten: Sie orientieren sich am Mitarbeiter, genauer gesagt, am sogenannten „Reifegrad" des Mitarbeiters. Das klingt ein wenig wie am Obststand auf dem Wochenmarkt – „Wie reif sind denn diese Tomaten?" Mitarbeiter sind keine Tomaten, was ist also damit gemeint? Hersey und Blanchard unterscheiden verschiedene Mitarbeitertypen in Abhängigkeit davon, wie „reif" im Sinn von „wie weit entwickelt" sie aktuell sind. Je nach momentanem Entwicklungsstand bekommt der Mitarbeiter ein anderes Verhalten von seiner Führungskraft gezeigt.

Was meinen Sie, wie viele Kriterien, und welche, zu diesem Zweck beachtet werden müssen? Fünf? Zehn? Mehr? Weniger?

Hersey und Blanchard sind Amerikaner. Neigen diese zu komplizierten Gedanken und raffinierten, verästelten Theorien? Das Klischee sagt: „Der Amerikaner" ist ein großer Vereinfacher. Er folgt der Tradition des Wildwestfilms: Du bist für mich oder gegen mich. Fertig. Dementsprechend haben wir es in ihrem Modell mit nur *zwei* verschiedenen Kriterien zu tun, an denen wir den „Reifegrad" eines Mitarbeiters festmachen.

Nun stellen wir die Verbindung her zu Ihrer Liste, zu Ihrem fiktiven Bewerber aus dem Norden. Welche zwei Fragen, die Sie dort – hoffentlich – notiert haben, sind die wichtigsten, damit Sie solide beurteilen können, ob der Mitarbeiter Ihrer Kollegin wirklich geeignet sein könnte für Ihre freie Stelle?

Wenn Sie tatsächlich zehn bis zwölf Fragen notiert haben, dann haben Sie garantiert mit einem großen Teil Ihrer Fragen in immer wieder anderer Weise diese beiden relevanten Kriterien herauszufinden versucht. Welche zwei Kriterien tauchen denn in den allermeisten Ihrer Fragen auf?

Das erste Kriterium haben Sie bestimmt rasch gefunden: Sie möchten herausfinden, wie *kompetent* der Bewerber ist – um dieses Thema kommen Sie nicht herum. Vielleicht haben Sie gefragt, was er bisher gemacht hat oder welche Ausbildung er hat; vielleicht haben Sie gefragt, wie die Ergebnisse, für die er verantwortlich ist, aktuell aussehen; vielleicht haben Sie nach seinen Stärken gefragt. Solche und ähnliche Fragen kreisen alle das Thema „Kompetenz" ein. Die Kompetenz eines Mitarbeiters ist die erste der beiden Kernfragen, auf die wir uns beim Situativen Führen konzentrieren.

Welches ist die zweite Frage, die Sie unbedingt noch stellen müssen? Müssen wir über die Kompetenz hinaus überhaupt noch etwas wissen? Genügt es denn nicht, wenn wir wissen, dass der andere alle Fähigkeiten mitbringt, die er zur Bewältigung der gestellten Aufgaben benötigt?

Nein. Eine Frage müssen Sie noch klären. Diese hat nichts mit der sachlichen Seite, der aufgabenorientierten, zu tun. Sie bezieht sich vielmehr auf die psychologische Seite des Ganzen, denn was nützt Ihnen ein Mitarbeiter mit Topfähigkeiten, wenn er nicht bereit ist, diese auch umzusetzen? Was, wenn Mister X zwar alles sehr gut kann, aber nicht so richtig will? Dieses zweite Kriterium hat mit dem ersten nichts zu tun. Im Situativen Führen nennt man es das „Engagement". Wenn Sie sich vorhin auf die Übung eingelassen haben, dann haben Sie sehr wahrscheinlich nicht nur Fragen gestellt, die nach den Fähigkeiten und Kompetenzen des Bewerbers geforscht haben – Sie haben dann sicher auch Fragen gestellt, die Ihnen helfen sollten, dessen *Engagement* einzuschätzen. Vielleicht haben Sie gefragt, ob er immer pünktlich ist? Oder Sie haben gefragt, weshalb denn dieser Bewerber aus dem Norden so weit in den Süden der Republik wechseln möchte? Vielleicht haben Sie auch ganz direkt wissen wollen, wie motiviert er ist?

Wir sind ja nicht in Amerika, sondern im „Land der Dichter und Denker" – und daher erlebe ich manchmal an dieser Stelle Protest: „So einfach kann man es sich doch nicht machen!", höre ich dann, oder „Wir können doch einen Mitarbeiter nicht einfach auf zwei Kriterien reduzieren, die Welt und die Menschen sind doch viel komplexer!" Natürlich. Der Unbekannte in meinem Beispiel, oder auch jeder Mitarbeiter und jede Mitarbeiterin in Ihrem Unternehmen, hat eine Lebensgeschichte, eine Familie zu Hause, manchmal auch keine, er oder sie ist Optimist oder Pessimist – es gibt Dutzende weiterer Dimensionen, um einen Menschen zu beschreiben. Aber um einen Menschen zu *führen*, kommen Sie mit diesen beiden Fragen nach seiner Kompetenz und seinem Engagement schon sehr weit.

Um genau das zu zeigen, habe ich Sie vorhin zum Gedankenexperiment „Bewerber fürs Allgäu" eingeladen. Ich habe das gemacht, um dem Argument der unzulässigen Vereinfachung vorzubeugen. Wenn Sie der Meinung sind, dass man viel mehr als zehn bis zwölf Fragen stellen sollte, um einen Mitarbeiter gut einzuschätzen, dann blättern Sie doch noch einmal zurück und schauen Sie in Ihre Liste.

. . . .

Übung
. . . .

Notieren Sie auf der Liste der letzten Übung (Seite 32) neben jeder Frage, die Sie dort notiert haben, entweder ein E oder ein K oder beides, je nachdem, ob Sie meinen, dass Ihre Frage darauf abgezielt hat, einen Eindruck vom Engagement oder von der Kompetenz eines künftigen Bewerbers zu bekommen!
. . . .

Was haben Sie herausgefunden? Wie viele der zehn oder zwölf Fragen sind jetzt noch ohne ein E und ohne ein K? Manche Fragen zielen auf beide Eigenschaften: „Wie sind die Leistungen bisher?" berührt im Allgemeinen K und E, Kompetenz und Engagement. „Wie gut kommt die Person mit den Kollegen zurecht?" oder „Wie kundenfreundlich ist er?" zielt jeweils auf Kompetenzen (Teamfähigkeit; Kundenfreundlichkeit), die hier (zu Recht) abgefragt werden.

Oft fragen im Seminar Teilnehmer an dieser Stelle: „Wie alt?" – diese Frage hat scheinbar weder mit Kompetenz noch mit Engagement zu tun, sondern fragt nur Fakten ab, oder? Ich habe mir angewöhnt, bei diesem Vorschlag nachzuhaken, weshalb sich jemand für das Alter des fiktiven Bewerbers interessiert. Es kommt regelmäßig heraus, dass auch hier immer die Frage nach Kompetenz oder Engagement im Hintergrund steht – interessanterweise je nachdem, wie alt der Fragesteller selbst ist, mit ganz unterschiedlichem Denkansatz: Manche denken bei einem höheren Lebensalter an „viel Erfahrung, viel Wissen, also besonders kompetent", andere denken dabei an „nicht mehr so engagiert, nicht mehr so hungrig, hat bestimmt schon nachgelassen". Diese Schlussfolgerungen sind Klischees, mir geht es hier nur darum, zu zeigen, dass auch mit der Frage nach dem Alter letzten Endes implizit nach Kompetenz oder Engagement gefragt wird.

Gut, vielleicht haben Sie auch noch die Frage „Was kostet er?" notiert. Diese Frage ist für eine echte Bewerbersituation zwar tatsächlich interessant, im Alltag werden Sie einen Mitarbeiter auf einer hohen Gehaltsstufe meistens nicht anders führen als einen auf einer niedrigeren Stufe.

Nun können wir also die zwei Dimensionen festhalten, auf die es ankommt: *Kompetenz und Engagement*. Alle Mitarbeiter können demnach in dem folgenden Schaubild (Abb. 1) eingeordnet werden:

Abbildung 1:
Kompetenz und Engagement

Als Nächstes sollten wir klären, wie viele Abstufungen jeder Dimension wir unterscheiden möchten.

Man könnte ja beide Dimensionen von null bis hundert einteilen, praktisch in Prozent. „Herr Maier hat schon 60 Prozent Kompetenz erreicht" klingt ja erst mal nicht dumm, „Frau Müller zeigt derzeit 75 Prozent Engagement" hört sich auch irgendwie sinnvoll an.

Allerdings hätten wir in diesem Fall in unserem Schaubild 100 × 100 = 10000 „verschiedenartige" Mitarbeitertypen. Wir müssten dann „Lehmann, 80 Prozent Kompetenz, 30 Prozent Engagement" anders behandeln als „Schulze, 75 Prozent Kompetenz, 25 Prozent Engagement" – Sie merken, das ergibt praktisch gesehen keinen Sinn.

Wie wäre es mit Schulnoten? Von 1 bis 6? Dann hätten wir 36 verschiedene Mitarbeiter zu betrachten. Doch auch die Zahl von „nur" 36 verschiedenen Mitarbeitern ist nicht realistisch regelbar, Sie würden Typ 28 nicht wirklich deutlich von Typ 29 unterscheiden können, und schon gar nicht Typ 29 bewusst und gezielt anders behandeln als Typ 28.

Es gibt einen bekannten Ansatz, der in Seminaren und Büchern als Grundlage für die Mitarbeiterführung genommen wird: Das „Managerial Grid" (Blake & Mouton, 1972). Dort werden 9 × 9 = 81 Felder unterschieden, das klingt eindrucksvoll. Wenn Sie das Modell genauer kennen, dann wissen Sie schon: Auch im „Managerial Grid" werden am Ende nur fünf Positionen betrachtet, „die vier Ecken und das Zentrum"!

Sie erinnern sich an mein flapsig überzeichnetes Klischee oben: Situatives Führen ist ein amerikanischer Ansatz! Amis folgen gern dem KISS-Prinzip: *Keep it short and simple!* Komplexitätsreduktion! Das haben wir schon bei der Wahl der wesentlichen Kriterien gesehen: Engagement und Kompetenz genügen, um einen Mitarbeiter einzuordnen. Wir finden das Prinzip maximaler Einfachheit erneut bei der Anzahl der möglichen Abstufungen einer Dimension: Wir unterscheiden nicht hundert, nicht sechs, sondern nur zwei mögliche Stufen: „vorhanden" und „nicht vorhanden".

Die Grundidee, die ich Ihnen als Interpretationshilfe nahelegen möchte, lautet: Solange ich die Kompetenz von Herrn Müller noch nicht als „genügend" einschätze, zählt sie als „nicht genügend". Das klingt pessimistisch in einer Welt, in der zum Optimismus geraten wird, jedoch bleibt diese Sichtweise intern: Ich muss das Herrn Müller gegenüber nicht unbedingt so formulieren, es dient vorwiegend mir selbst, um mich zu erinnern: „Hier hast du noch eine Führungsaufgabe zu erledigen: Du musst Herrn Müllers Kompetenz noch steigern, wie auch immer."

Unser Schaubild von vorhin kann also wie in Abbildung 2 gezeigt ergänzt werden:

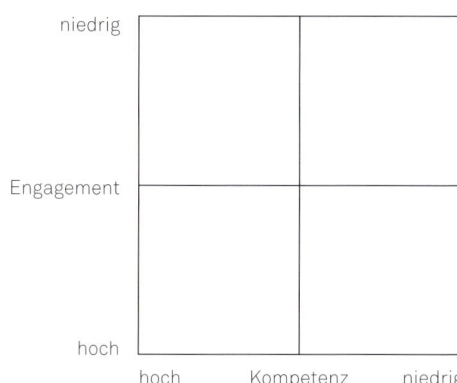

Abbildung 2: Kompetenz und Engagement, ergänzt

Wir arbeiten jetzt also mit einem Vier-Felder–Schema, das gebildet wird aus den Dimensionen Kompetenz und Engagement, in den möglichen Ausprägungen „niedrig" oder „hoch".

Entgegen unseren üblichen Gewohnheiten ist links unten jeweils „hoch" eingetragen – im Allgemeinen kennen wir es umgekehrt: Wenn wir von der ursprünglichen x- und y-Achse ausgehen, würden wir hier den Nullpunkt finden, also „niedrig". Im Original ist das Diagramm jedoch in dieser Weise aufgebaut, und ich übernehme es so, damit Sie sich bei Vergleichen rasch zurechtfinden.

Nun haben wir die Basis des Situativen Führens gemeinsam entwickelt und können die verschiedenen Situationen betrachten. Statt Situationen werden ja vier verschiedene Mitarbeitertypen definiert oder, wenn wir der Formulierung von Hersey und Blanchard folgen, Mitarbeiter-„Reifegrade". Ich selbst verwende den Begriff Mitarbeiter-Entwicklungsstand: Wo steht mein Mitarbeiter gerade in seiner Entwicklung (und wo soll er hin)?

E4: Der Liebling

Wenn Sie Abbildung 2 betrachten, in welchem der vier Felder sitzt Ihr „Lieblingsmitarbeiter"? Ganz klar: unten links. Der Mitarbeiter dort zeigt *hohes Engagement* und verfügt über *hohe Kompetenz*. Überlegen Sie kurz: Wenn alle Mitarbeiter so wären wie dieser dort – wie viel Zeit pro Woche würden Sie einsparen? Wie viel mehr Zeit für Ihre Manageraufgaben hätten Sie pro Tag zur Verfügung? Wie viel früher wären Sie abends zu Hause?

Ziel dieses Buches ist es, Sie dabei zu unterstützen, möglichst viele Mitarbeiter so weit zu fördern, dass Sie nicht nur theoretisch, sondern ganz praktisch die gerade genannte Zeit einsparen bzw. für anderes verwenden können.

Der Mitarbeiter in diesem Feld ist von allen der „reifste", der am weitesten entwickelte Typ. Wenn wir also vier verschiedene Entwicklungsstände der Mitarbeiter vergleichen, ist das hier „Nummer 4", beschreibt den Entwicklungsstand 4, kurz: E4.

Ich trage ihn in unser Schema ein (Abb. 3), und damit wir nicht immer so gestelzt formulieren müssen („Herr X zeigt hohes Engagement und verfügt über hohe Kompetenz" – so reden wir ja nicht wirklich), formuliere ich es in alltäglicher Sprache und stark verkürzt: „Herr X kann und will".

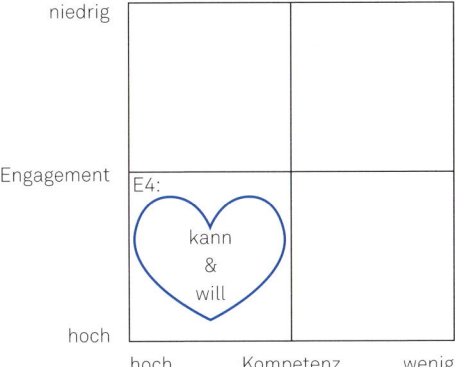

Abbildung 3: *Der Liebling*

Sind Sie mit dem Herzchen einverstanden? Den E4-Typ haben wir lieb, den möchten wir gerne klonen, dort möchten wir alle anderen auch gerne haben. Das ist ja unser definiertes Ziel: Alle Mitarbeiter, die noch nicht E4 sind, im Lauf der Zeit dazu zu machen, sie dorthin zu entwickeln. Schließlich möchten Sie gerne ein Spitzenteam, schließlich möchten Sie gerne Zeit für Ihre Managementaufgaben, schließlich möchten Sie gerne zu einer vernünftigen Zeit abends nach Hause kommen. All das erreichen Sie umso eher, je mehr E4-Mitarbeiter Sie führen.

Wie wir einen E4-Mitarbeiter führen, werden wir im nächsten Kapitel gemeinsam betrachten. Vorher möchte ich noch die drei anderen Felder definieren.

E1: Der Anfänger

Die Frage oben – in welchem Feld Ihr „liebster Mitarbeiter" zu finden sei – konnten Sie gewiss rasch beantworten. Drei Felder sind noch übrig: Wenn hohe Kompetenz und hohes Engagement den „reifsten" Mitarbeiter beschreiben – in welchem Feld sitzt dann der „Anfänger"?

Manche meinen, das sei eine Fangfrage: „Wenn der späteste Entwicklungsstand einen Mitarbeiter beschreibt, der ‚kann und will', unten links, dann muss doch der früheste einen beschreiben, der ‚weder

kann noch will'! Also im Schaubild schräg gegenüber, oben rechts!"
Doch das ist zu mechanisch gedacht.

Richtig ist, von unserer Alltagserfahrung her gesehen, dass der
„Anfänger" unten rechts neben dem „Liebling" zu finden ist. Er kann
zwar noch nichts, er will aber, wenn wir den knappen Sprachgebrauch
von oben fortführen. Überlegen wir kurz: Stimmt das so? Weshalb ist
das unser „frühester" Mitarbeiterentwicklungsstand?

Nun, Entwicklung beschreibt ja die Entwicklung an einer Arbeitsstelle, an einer Position. Das heißt, wir haben es mit einem Neuling zu
tun – entweder mit jemandem, den wir gerade frisch eingestellt haben, oder aber mit jemandem, der befördert wurde und jetzt auf einer
für ihn neuen Position beginnt. In Bezug auf die Kompetenz ist damit
klar: Weder der ganz neu Eingestiegene noch der in seiner Position
neu Startende, sind bereits am ersten Tag absolut kompetent.

In Bezug auf das Engagement müssen wir aber überlegen: Würden
wir jemanden einstellen, der gleich am ersten Tag keine Lust hat?
Würden wir jemanden befördern, der auf seiner neuen Position mit
schlechter Laune und unmotiviert startet? Normalerweise nicht. Die
Regel, von der wir hier ausgehen, ist, dass derjenige, der gerade frisch
beginnt, einerseits noch nicht alles kann, also noch Kompetenzen er-
werben oder erweitern muss, andererseits aber hoch motiviert mit
seiner Tätigkeit beginnt. Daher tragen wir ihn in unserem Schaubild
unten rechts ein (vgl. Abb. 4):

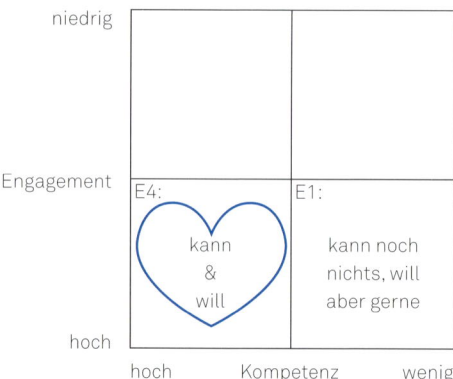

Abbildung 4: *Der Anfänger*

Der Entwicklungsstand 1 oder kurz E1 wird also mit „kann noch
nichts, will aber gerne" beschrieben. Dieser Typ ist zwar nicht unser

Liebling, weil er nicht von alleine läuft, dennoch macht er uns normalerweise ebenfalls Freude. Schließlich ist er grundsätzlich motiviert, und sowohl er wie auch wir verkörpern gemeinsam unsere Hoffnung auf eine gute Zusammenarbeit. Er steht an seinem ersten Arbeitstag mit Herzklopfen vor uns und fiebert seinen ersten Aufgaben, seinen ersten Lernschritten entgegen. Es ist noch nichts Negatives vorgefallen.

Auch hier stellt sich natürlich die Frage, welche Art der Führung der „Anfänger" von uns benötigt, um sich gut zu entwickeln. Auch hier verweise ich auf das nächste Kapitel: Nachdem wir die beiden übrigen Felder noch ausgefüllt haben, werden wir auf diese Kernfrage eingehen.

E2: Der Schwierige

Nun sind noch zwei Felder frei und zwei Kombinationen möglich. Welches Feld beschreibt, was in der beruflichen Entwicklung nach dem E1 kommt, nach dem „Anfänger"? Wie würden Sie anhand Ihrer Erfahrungen als Führungskraft oder auch auf Grundlage dessen, was Sie als Mitarbeiter erlebt haben, antworten? Denken Sie an Ihre Karriere zurück, erinnern Sie sich an die Momente, in denen Sie auf einer Stelle oder Position neu begonnen haben.

Letzten Endes lautet die Frage nach dem nächsten Feld im Diagramm in die Realität übersetzt: „Was geschieht im Alltag schneller – dass der neue Mitarbeiter genügend Kompetenzen entwickelt oder dass er demotiviert wird?" Natürlich lässt sich an dieser Stelle kein Naturgesetz formulieren, Worte wie „immer" oder „grundsätzlich" wären übertrieben gewählt. Jedoch sind sich meine Seminarteilnehmer mit den Begründern des Situativen Führens fast immer einig: Die Demotivation kommt schneller als der Kompetenzerwerb! Unser nächster Entwicklungsschritt beschreibt also einen besonders schwierigen Mitarbeiter: Er „kann noch nichts, aber inzwischen hat er auch keine Lust mehr". Stellen Sie sich für einen Moment vor, Sie würden ausschließlich solche Mitarbeiter führen: Wie wäre das Klima in Ihrer Abteilung, wie wäre Ihr eigenes Erleben, wie viel Zeit hätten Sie für die Erledigung Ihrer Aufgaben?

Der zweite Entwicklungsstand beschreibt also eine Person, der noch immer die notwendigen Kompetenzen fehlen, die aber nun auch nicht mehr motiviert ist, sich um ihre Aufgaben zu kümmern. Dieser Mitarbeitertyp ist unserem E4, unserem „Liebling", im Schaubild wie auch im Leben diametral entgegengestellt (Abb. 5).

Abbildung 5:
Der Schwierige

Wie kann es denn passieren, dass aus einem begeisterten „Anfänger" ein unmotivierter E2-Mitarbeiter wird?

Einer der beiden „Klassiker der Demotivation" ist die *Unterforderung*. Der Friseurlehrling, der im ersten halben Jahr nur zuschauen darf und Haare zusammenfegen ... Der Azubi im Einzelhandel, der nicht von Abteilung zu Abteilung wandert, um zu lernen, sondern meistens an der Kasse sitzt ... Das sind bloß zwei Beispiele aus einer großen Zahl von Möglichkeiten. Unterforderung ist nicht die Regel, sie kommt aber immer wieder vor, wenn Einarbeitungspläne fehlen oder wenn sie nicht eingehalten werden.

Viel häufiger erlebe ich das fast so schädliche Phänomen der Überforderung. Lassen Sie uns die paradoxe „Kopfstandtechnik" anwenden. Lassen Sie uns für allzu motivierte, anstrengend fröhliche Neulinge, die noch nicht viel wissen, aber täglich Spaß an der Arbeit demonstrieren, eine „Anleitung zur Demotivation" entwerfen, die ihnen die Fröhlichkeit garantiert austreibt:

1. geben Sie dem Anfänger eine Aufgabe, die momentan noch viel *zu schwer für ihn* ist
2. lassen Sie ihn bei der Erledigung der Aufgabe möglichst lange allein und *helfen Sie ihm nicht*
3. lassen Sie sich schließlich das Ergebnis zeigen und *meckern Sie* laut und deutlich, weil es mangelhaft ist

Sie müssen diese Anleitung vermutlich nur zwei oder drei Mal befolgen, und die Motivation des „Anfängers" ist verschwunden. Er hat noch immer keine umfangreichen Kompetenzen, aber jetzt hat er auch keine Lust mehr.

Sie schütteln den Kopf? Sie meinen, das macht doch niemand mit Absicht? Sie sagen, es freut einen doch, wenn der E1-Mitarbeiter fröhlich und engagiert zur Arbeit kommt? Ja, das stimmt. Die Fragestellung „Anleitung zur Demotivation" habe ich natürlich aus didaktischen Gründen entwickelt: erstens, um zu zeigen, was im Alltag leider häufig geschieht, und zweitens, um den besseren Weg abzuleiten.

In den Unternehmen, für die ich häufig Seminare halte, werden gute Mitarbeiter häufig sehr rasch befördert. Die Unternehmen sind erfolgreich, expandieren stark, die Abteilungen benötigen rasch jemand für diese oder jene Aufgabe oder Position: „Herr Maier, Sie schaffen das, ich traue Ihnen das zu" ist ein Spruch, der natürlich sehr schmeichelhaft klingen kann, der aber leider häufig am Beginn einer Phase steht, die man als „Sprung ins kalte Wasser" bezeichnen könnte. Frage ich beispielsweise im Einzelhandel, wie viele der anwesenden Seminarteilnehmer schon einmal nach dieser „Methode" eine neue Position antreten durften („Sie schaffen das!" und „Sprung ins kalte Wasser"), heben meistens weit mehr als die Hälfte der Teilnehmer ihre Hände, viele haben dabei einen etwas traurigen Gesichtsausdruck.

Als ich mit 33 Jahren als junger Trainer mein drittes oder viertes Seminar zum Thema „Mitarbeiterführung" hielt, hatte ich eine Reihe von gestandenen Marktleitern einer Einzelhandelskette vor mir sitzen. Meine persönliche Akzeptanz war, als ich gegen Mittag des ersten Tages dieses Modell vorstellte, noch nicht gefestigt: Die Herren (es waren nur Männer damals) haben mich, relativer Grünschnabel und Akademiker, noch kritisch beäugt. Als ich zum Feld E2 kam, rief einer aus der Runde: „Solche haben wir nicht, und wenn doch, schmeißen wir die raus!" – und seine Kollegen lachten wohlwollend.

Der Teilnehmer ergänzte: „Na ja, zurzeit habe ich einen – aber ich bin gerade dabei, seine Entlassung vorzubereiten." Ich wusste, dass ich auf dünnem Eis war, aber ich habe nachgefragt. Es stellte sich heraus: Der Marktleiter hatte im Oktober einen Mitarbeiter zum Leiter des Food-Bereiches gemacht, und dieser brachte bis heute, im März des Folgejahres, nicht die erwarteten Leistungen und Zahlen.

Ich fragte, wie denn die Einarbeitung des neuen Abteilungsleiters ausgesehen habe – und fing mir prompt einen Rüffel des Marktleiters ein: „Herr Fritzsche, Sie haben eben keine Ahnung vom Handel: Im Oktober beginnt bei uns das Weihnachtsgeschäft, da muss ich mich wirklich um andere Dinge kümmern!" Einige der Anwesenden nickten zustimmend.

„Dann ist das sicher auch im November und Dezember noch so gewesen?", fragte ich höflich und erhielt die Zustimmung des Teilnehmers. „Was ist denn seit Weihnachten bis heute passiert – es sind ja seither weitere zweieinhalb Monate vergangen?", fragte ich vorsichtig nach. „Kluger Teilnehmer erklärt naivem Trainer, wie die Welt funktioniert" ist ja ein heikles Spielfeld, aber ich folgte meiner Idee, dass kaltes Wasser nicht die ideale Lernumgebung darstellt.

Wieder antwortete der Teilnehmer gönnerhaft: „Nun, wenn Sie sich bei uns etwas auskennen würden, wüssten Sie: Nach Weihnachten und Silvester sind viele Leute auch erst einmal im Urlaub, und ab Mitte Januar beginnen wir dann, uns auf die Jahresinventur vorzubereiten."

An dieser Stelle konnte ich, metaphorisch gesprochen, ein schabendes, knarzendes Geräusch vernehmen: das Knarren von zehn bis elf eingerosteten Panzer-Geschütztürmen, die von ihrem bisherigen Ziel, dem jungen, unbedarften Trainer, langsam umschwenkten auf ein neues Ziel: auf den Kollegen, der zwar recht hatte mit seiner Schilderung der Handelswelt, aber dennoch jetzt eine Breitseite abbekam: „Karl-Heinz, wenn du den im Oktober zum Abteilungsleiter machst und dich dann bis heute nicht um ihn kümmerst, kannst du das unmöglich dem Mann anlasten und ihn rauswerfen, weil seine Leistung noch nicht so ist, wie du das gerne hättest – das hast du selbst verbockt!"

Ich war aus dem Feuer, und der forsche Marktleiter zog seinen Kopf rasch ein. Ich hätte ihm das mit meinem damaligen Status nicht direkt sagen dürfen, aber von den Kollegen konnte er die Kritik entgegennehmen. Er hatte seinen frisch gekürten Abteilungsleiter ins kalte Wasser geworfen, er hatte ihn von Oktober bis März alleingelassen; nun war er dabei, ihm die noch fehlende Kompetenz, wie wohl auch die inzwischen entstandene Demotivation, zum Vorwurf zu machen, anstatt selbst die Verantwortung dafür zu übernehmen, dass das nicht gut gelaufen war.

„Mir hat das auch nicht geschadet", höre ich gelegentlich zur Verteidigung der „Kaltwasser-Lernmethode". Mag sein – allerdings sitzen in den Seminaren immer nur diejenigen, die es irgendwie geschafft haben.

Wir wissen daher nicht, wie viele Personen, die für eine neue Aufgabe durchaus geeignet gewesen wären, an der Überforderung in der Anfangsphase gescheitert sind. Wir wissen nicht, wie viele gute Kräfte den Unternehmen verloren gehen, weil man sich nicht ausreichend um einen guten Start kümmert.

Und auch wem durch Strampeln im kalten Wasser gelungen ist, zu lernen – es war sicherlich mit viel Reibungsverlust, Kraftaufwand und unnötig verschwendeter Energie verbunden. Lernen geht leichter, wenn man dem „Anfänger" die geeigneten Mittel und Ansprechpartner zur Seite stellt.

Dieser Weg lässt sich, wenigstens in Umrissen, aus der paradoxen „Anleitung zur Demotivation" ableiten. Diese Fragestellung, die „Kopfstandtechnik", liefert auch dafür Erkenntnisse, denn oft fällt es leichter zu sagen, wie man etwas ganz bestimmt kaputt macht, als auf Anhieb zu erkennen, wie man etwas ganz bestimmt richtig macht. Wenn man den falschen Weg durch die paradoxe Frage erst definiert hat, stellt man anschließend die Frage vom Kopf auf die Füße; in vielen Fällen ergibt sich schon daraus eine ganz brauchbare Anleitung zum Erfolg.

Nehmen wir unsere drei Punkte von oben und stellen die Antworten auf die verkehrt gestellte Frage vom Kopf auf die Füße, ergibt sich (Abb. 6):

1. eine viel zu schwere Aufgabe geben	→	1. eine einfache Aufgabe geben, die zu bewältigen ist
2. lange Zeit alleine damit lassen	→	2. engmaschig bei der Erledigung betreuen
3. bei der Ergebniskontrolle die Fehler kritisieren	→	3. alles, was richtig ist, loben

Abbildung 6: *(De-)Motivation des Anfängers*

Hier sind wir dann schon mitten im nächsten Kapitel: Welches ist das passende Führungsverhalten bei welchem Typ? Doch schauen wir uns vorher noch das letzte Feld an.

E3: Der Frustrierte

Der Mitarbeiter der Entwicklungsstufe 3 hat inzwischen die Kompetenzen, die wir von ihm erwarten – aber er setzt sie leider noch nicht mit vollem Engagement um (vgl. Abb. 7).

Abbildung 7:
Der Frustrierte

Bevor wir nach Lösungen suchen, klären wir auch hier zuerst die Frage, wie es dazu kommen kann. Sie werden sehen, dass ein E3-Mitarbeiter das Feld oben links aus zwei Richtungen betreten kann.

Bleiben wir zunächst auf dem Weg, den wir durch das Stichwort „Entwicklung" angedeutet haben; dieses Wort beschreibt ja im Allgemeinen eine Vorwärtsbewegung. Was hat sich zum vorigen Feld E2 verändert? Die wesentliche Entwicklung ist offensichtlich: Unser E3-Mitarbeiter „kann" inzwischen das, was wir von ihm möchten, er zeigt die Kompetenzen, die wir von ihm erwarten.

Wie konnte das passieren, wo er doch zuvor „weder konnte noch gern wollte"? Nehmen wir an, dass er sich per „Kaltwasser-Methode" durch seinen Arbeitsalltag gestrampelt und gekämpft hat. Er wurde nicht ausreichend unterstützt, es wurde ihm nicht regelmäßig erklärt, was zu tun war – meistens wurde er für seine Fehler, die er im Blindflug beging, kritisiert.

Man könnte es „Lernen durch Schmerzen" nennen, denn selbst in diesem traurigen Fall gilt: Wenn mir keiner erklärt, wo die Wände stehen, und ich deshalb im Blindflug unterwegs bin, dann knalle ich immer mal wieder gegen eine Wand. Konkret: Ich begehe Fehler und werde entsprechend kritisiert. Es ist zwar mühsam und schmerzhaft,

aber ich lerne: „Autsch. Hier steht also offenbar eine Wand", oder
ohne dieses Bild: „So geht es schon einmal nicht." Durch negative Kritik macht das Lernen keinen Spaß, es findet aber
dennoch statt. Ich lerne, wie es *nicht* geht, und durch Ausschlussver-
fahren finde ich nach und nach heraus, wie es gehen muss. So haben
wir den Kompetenzgewinn erklärt und auch die noch immer fehlende
Motivation, das weiterhin niedrige Engagement: Natürlich macht einem der allmähliche Erfolg keinen großen Spaß, wenn die Führungskraft nie über diesen spricht, sondern nur bei Fehlern aufläuft und
schimpft.

„*Nichts gesagt ist genug gelobt*" *ist einer der häufigsten, aber auch blö-
desten Sprüche in vielen Unternehmen – denn es ist so leicht, es kostet so
wenig, und es bringt so viel, die Leute für Leistung zu loben, anstatt für
Fehler zu kritisieren!*

Ein Weg in das Feld E3, zum Mitarbeiter, der jetzt etwas kann, aber
noch immer nicht wirklich gerne möchte, führt also direkt aus dem
Feld E2: „Lernen durch Schmerzen" hat letztlich Kompetenz gebracht – Freude am Lernen oder Freude am Tun war dabei aber nicht
mit inbegriffen.

Es gibt noch einen zweiten Weg, um im E3-Feld zu landen. Stellen
Sie sich vor, Sie sind schon seit einiger Zeit erfolgreich und gut in dem,
was Sie tun. Sie arbeiten gerne, Sie arbeiten gut – Sie sind kurz gesagt
kompetent und engagiert, Sie sind E4.

Nun bittet Ihre eigene Führungskraft, Ihr eigener Chef, Sie zum
Gespräch. Weshalb auch immer er das tut – er spricht mit Ihnen über
den einen Punkt, der noch nicht in Ordnung ist, er hakt bei der einen
Sache nach, die nicht perfekt gelaufen ist.

Vielleicht will er wissen, was passiert ist, wer schuld ist, wie Sie das
in Zukunft vermeiden werden. Vielleicht hat er das Gespräch eingeleitet mit dem klassischen Aber-Satz „Sie sind ja ein Spitzenmann,
aber ..." oder „Mit Ihrer Arbeit bin ich ja insgesamt sehr zufrieden,
aber ...". Vielleicht hat er ja irgendwo gehört, dass man die guten Leute
loben soll. Nur hat man ihm nicht erklärt, dass Aussagen, die man mit
„aber" beendet, dadurch entwertet werden.

Deshalb kam bei Ihnen nicht an, dass er Sie spitze findet, selbst
wenn er das gesagt haben sollte. Sie haben vor allem gehört, dass er
gekommen ist, um an einer Kleinigkeit herum zu nörgeln. Er hat das
halbe Prozent herausgepickt, das Sie noch von 100 Prozent entfernt

sind, und hat Sie dafür kritisiert. Dieser Blickwinkel wirkt auf Sie ungerecht und unangemessen. Nach diesem Gespräch sind Sie demotiviert. Immer noch kompetent – aber nicht mehr so engagiert wie zuvor.

Ein E3-Mitarbeiter kann man also werden, indem man als E2-Mitarbeiter nach und nach doch etwas lernt, schließlich etwas kann, aber wegen des „Lernens mit Schmerzen" nicht motiviert ist, oder aber, indem man als E4-Mitarbeiter durch ein Vorkommnis demotiviert wird und deshalb noch immer alles kann, aber im Moment nicht mehr so richtig will.

Damit sind unsere vier Felder alle definiert, wir haben die verschiedenen Entwicklungsstufen beschrieben, sie auf Plausibilität untersucht und überlegt, wie man in die ungünstigen beiden Stufen E2 und E3 überhaupt kommen konnte. Bei Hersey und Blanchard wird der Weg durch diese vier Felder mit einer Kurve beschrieben, die entsteht, wenn wir die Veränderung auf beiden Dimensionen gleichzeitig einzeichnen: Während die Kompetenz kontinuierlich von links nach rechts, von niedrig nach hoch anwächst, ist das Engagement auf Wanderschaft von unten (hoch) nach oben (niedrig) und wieder zurück nach unten (hoch). Beide Bewegungen zugleich ergeben die Kurve, die Sie in Abbildung 8 sehen.

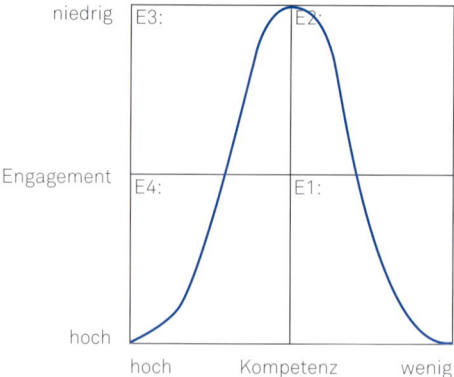

Abbildung 8:
Mitarbeiterentwicklung
im situativen Führen

Fassen wir zusammen: Wir beginnen mit einem engagierten Neuling E1, der womöglich seine Motivation schneller verliert, als dass er Kompetenz in ausreichendem Maß erwirbt: E2. Da er dennoch täglich etwas lernt, hat er irgendwann die ausreichende Kompetenz, ohne dass seine Motivation dadurch alleine schon zurückgekommen wäre: E3. Sollte es seiner Führungskraft gelingen, die Motivation doch positiv zu beeinflussen oder die Demotivation zu vermeiden, so ist er endlich dort, wo er sein sollte: Er ist E4. Er ist im letzten Feld, er „kann und will", und seine Arbeit bereitet sowohl uns wie auch ihm selbst Freude.

Ihn in diese Position zu entwickeln, stellt in diesem Sinn ein Win-win-Ziel für alle Beteiligten dar.

Vermutlich sind Sie mit mir einer Meinung, dass die beiden oberen Felder in unserem Schaubild, E3 und E2, für Sie als Führungskraft die beiden unerfreulichsten darstellen: Der E3-Mitarbeiter, der zwar kompetent ist, aber dennoch seine Leistung nicht engagiert und verlässlich abliefert, gibt uns durch diesen Widerspruch ein Rätsel auf und nervt: Schließlich könnte er, wieso will er dann nicht!? Und auch der E2-Mitarbeiter im Nachbarfeld ist anstrengend, denn hier stimmt nichts, ihm fehlen sowohl das Engagement wie auch die Kompetenz, mit ihm haben wir am meisten Arbeit.

Nun stellt diese Kurve durch alle vier Felder zwar einen häufigen Weg dar, den ein Mitarbeiter vom Einstieg bis zum höchsten Entwicklungsstand nehmen kann. Sie liefert sozusagen den Prototypen des Modells. Glücklicherweise wird durch sie dennoch kein Naturgesetz definiert.

Es *muss* nicht bei jedem neuen Mitarbeiter so sein, dass er die Kurve voll abfährt. Wir haben ja schon bei der „Kopfstandtechnik" gesehen, was wir in der E1-Phase alles falsch machen können; wir haben dort aber auch gesehen, was wir besser machen können, um den Mitarbeiter vor einem Absturz zu bewahren.

Im Idealfall gelingt es uns, durch verschiedene Führungstechniken die Mitarbeiter, die im Feld E2 oder E3 gelandet sind, rasch wieder von dort wegzuholen und sie nach E4 zu bewegen. Vielleicht gelingt es uns, die Kurve flacher zu machen oder aber, wie ein Seminarteilnehmer einmal herausplatzte: „Herr Fritzsche, sagen Sie's doch gleich: Am besten wäre es, die Kurve wäre gar keine Kurve, sondern eine gerade Linie, die von rechts nach links täglich wachsende Kompetenz bei gleichbleibend starkem Engagement abbildet!"

Das ist ein sehr optimistisches Bild, doch genau von diesen Fragen handeln die nächsten Kapitel: Wie entwickeln wir die Menschen, die in E1 sind, oder auch in E2 oder in E3, möglichst rasch und möglichst nachhaltig nach E4 – wo sie sich und uns die meiste Freude bereiten?

Zusammenfassung

Der Ansatz des Situativen Führens setzt die Tatsache, dass nicht *ein* Führungsstil für alle Situationen passt, in eigener Weise um. Er orientiert sich an den Mitarbeitern als „Auslöser" für das jeweils zu wählende Führungsverhalten, und zwar an ihrem sogenannten „Reifegrad". Dieser wird abgeleitet aus zwei klaren Dimensionen: der vorhandenen Kompetenz und dem gezeigten Engagement. Es zeigt sich, dass man zwar viele Fragen stellen kann, um einen Mitarbeiter einzuschätzen, dass sich diese jedoch letzten Endes auf diese beiden Dimensionen zurückführen lassen.

Indem Kompetenz und Engagement reduziert werden auf „vorhanden" oder „nicht vorhanden", erhält man ein Vier-Felder-Fenster, in welchem die vier Mitarbeitertypen entsprechend ihres persönlichen „Reifegrads" eingeteilt werden können. Man spricht auch von den vier Entwicklungsständen der Mitarbeiter, E1 bis E4.

Dabei ist E1 der „Anfänger", der zwar engagiert ist, aber noch nicht kompetent. E2 entspricht dem „Schwierigen", denn ihm fehlt beides, die Kompetenz und auch das Engagement. Dieser Typ entsteht oft durch Über- oder Unterforderung des „Anfängers". Der E3-Entwicklungsstand kann zum einen dadurch beschrieben werden, dass ein E2-Mitarbeiter durch tägliche Erfahrung auch von Misserfolgen mittelfristig doch dazulernt, also kompetent wird, während das Engagement noch fehlt, oder aber, dass ein bereits „ausgereifter" E4-Mitarbeiter durch Demotivation auf den E3- Stand zurückfällt: Natürlich behält er seine Kompetenz, hat aber sein Engagement eingebüßt. Man kann ihn entsprechend den „Frustrierten" nennen. Der E4-Mitarbeiter schließlich ist der „Liebling" der Führungskraft, denn er ist nun kompetent *und* engagiert.

Wenn alle Mitarbeiter E4-Mitarbeiter wären, würde die Führungskraft ein Spitzenteam führen, wäre selbst entlastet und könnte sich entsprechend um Strategiethemen und anderes kümmern – und täglich früher zu Hause sein. Dieses Ziel zu erreichen – alle Mitarbeiter zu E4-Mitarbeitern zu entwickeln –, ist das Ziel dieses Buches.

Situatives Führen 2: Verhalten der Führungskraft

Zu jedem Entwicklungsstand E ist ein situativ passendes Führungsverhalten S erforderlich. Dem E1-Mitarbeiter möchten wir mit S1-Führungsverhalten entgegentreten, der E2-Mitarbeiter braucht S2-Führungsverhalten, und so weiter.

Denken Sie kurz darüber nach, was aus Ihrer Sicht für den jeweiligen Kandidaten „passendes Verhalten" wäre. Je aktiver Sie sich mit dem Thema auseinandersetzen, desto besser bleibt haften, was Sie erkannt haben.

Übung

Notieren Sie in den vier Kästchen unten, welches Verhalten S1 bis S4 Sie für den zugehörigen Mitarbeiterentwicklungsstand E1 bis E4 sinnvoll finden.

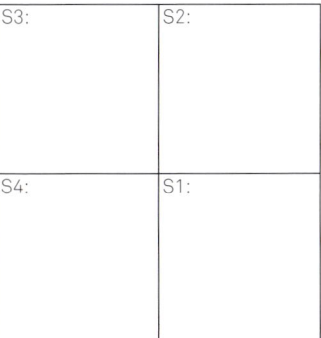

Bevor wir konkret auf die einzelnen Kästchen bzw. Führungsverhaltensweisen eingehen, möchte ich Ihnen die Lösung von Hersey und Blanchard präsentieren. Wie das Modell selbst ist sie schlank und einleuchtend – für meinen Geschmack allerdings an verschiedenen Stellen zu schlank, sodass ich in den nächsten Kapiteln das Original entsprechend erweitern werde, damit es praxistauglich wird.

Zentral ist bei den Autoren, zunächst die Defizite des Mitarbeiters zu benennen, um sie danach zu beheben. An anderer Stelle (Fritzsche, 2016) habe ich das „Erst die Diagnose, dann die Therapie" genannt. Hersey und Blanchard fokussieren auf die beiden Dimensionen, durch die sie die vier Entwicklungsstände definieren: Engagement und Kompetenz. Mehr wird nicht betrachtet. Diesem Ansatz folgend sagen sie: Ein Mitarbeiter verfügt a) entweder über beides, Engagement und Kompetenz; oder b) es fehlt das eine oder das andere, oder c) es fehlt sogar beides. Die Aufgabe der Führungskraft besteht in jedem Fall darin, das, was fehlt, zu entwickeln.

Fehlt Kompetenz, so muss diese durch Anleitung aufgebaut werden. In den deutschen Übersetzungen wird das Verhalten der Führungskraft an dieser Stelle „dirigieren" genannt – was aus meiner Sicht nur einen Teil der nötigen Verhaltensweisen abbildet. Fehlt Engagement, so heißt das, was die Führungskraft leisten soll, in den deutschen Büchern zum Thema meistens „unterstützen" – auch dieses eine Wort ist nach meinem Verständnis zu eindimensional, die Anforderungen der Wirklichkeit sind, wie wir gleich sehen werden, komplexer.

Nützlich an dieser Herangehensweise ist aus meiner Sicht die Radikalität, mit der die Autoren sich darauf konzentrieren, nur das Notwendige zu tun und nicht mehr als das: Fehlt Kompetenz, so ist es die Aufgabe der Führungskraft, diese zu liefern. Fehlt Engagement, so ist ihre Aufgabe, dieses zu entwickeln. Wie das jeweils umgesetzt wird, werden wir in den nächsten vier Abschnitten für jeden der Mitarbeiterentwicklungsstände einzeln anschauen.

S1: Kompetenz aufbauen

Was haben Sie oben im Feld S1 eingetragen? Es geht um den Mitarbeiter des Entwicklungsstands E1, um den „Anfänger". Sie erinnern sich: Er ist engagiert, doch ihm fehlen noch die nötigen Kompetenzen. Er will gerne, kann aber noch nicht genug (Abb. 9).

Abbildung 9: *Der Anfänger*

Als wir weiter oben überlegt haben, wie es zu einem E2-Mitarbeiter kommen kann, zu jemandem, der noch nicht genug kann, zusätzlich aber auch keine Lust mehr hat, haben wir uns schon für einen Moment damit beschäftigt, welche demotivierenden Erlebnisse ein „Anfänger" manchmal macht: Wenn er Pech hat, wird er entweder unter- oder überfordert, er langweilt sich, weil nichts passiert, oder er ist extrem im Stress, weil man ihn ins kalte Wasser geworfen hat und ihn nun alleine schwimmen lernen lässt. Manche schaffen das, manche gehen dabei unter.

Wir haben uns mithilfe der „Kopfstandtechnik" („Was könnte man tun, um den E1 möglichst rasch zu demotivieren?") im letzten Kapitel drei Punkte überlegt, auf die wir achten sollten:
1. dem „Anfänger" kleine, lösbare Aufgaben und Lerneinheiten geben
2. den E1 engmaschig betreuen
3. ihn für Fortschritte und alles, was gut läuft, deutlich loben.

Nun werden wir konkret. Vorab: In guten Unternehmen gibt es einen klaren Einarbeitungsplan: Wann lernt der neue Mitarbeiter was durch wen? In guten Unternehmen oder Abteilungen wird einem neuen Mitarbeiter außerdem ein „Pate" oder Mentor zur Seite gestellt – jemand, der für seine Entwicklung zuständig ist und an den sich der Neuling jederzeit wenden kann.

Dieses Buch beschäftigt sich mit dem konkreten Verhalten der Führungskraft, daher gehe ich davon aus, dass Sie so etwas grundsätzlich in Ihrem Verantwortungsbereich etabliert haben – wenn nicht, müssen Sie „nachsitzen" und die entsprechenden Strukturen schaffen. Lassen Sie uns über einige wichtige Regeln sprechen, mit denen Sie gezielten Kompetenzaufbau des „Neuen" sicherstellen. Was sollten Sie beachten, damit Sie raschen und intensiven Lernerfolg erreichen?

5 Schritte, klares Ziel

Vor etwa zwanzig Jahren habe ich in einem Seminarhotel einen Zettel gefunden, leider ohne Quellenangabe. Er beschrieb fünf Schritte des Lehrens und Lernens, die ich Ihnen im Folgenden vorstelle. Je nach Art der Aufgabe können Sie alle oder auch nur einige davon verwenden. Eindrucksvoll fand ich den letzten Satz auf diesem Zettel: Dort stand das Ziel allen Lernens.

Die fünf Schritte des Lernens sind bereits für sich genommen hilfreich – das Ziel jedoch ist essenziell. Deshalb stelle ich Ihnen den „Zettel" so, wie ich ihn in Erinnerung habe, vor (Abb. 10).

5 Schritte des Lehrens und Lernens

1. Erklären, wie und wozu
2. Vormachen
3. Gemeinsam machen
4. MA macht alleine, FK schaut zu
5. MA macht alleine, FK kontrolliert Ergebnis

Ziel: Der MA soll einen eigenen Gütemaßstab entwickeln.

Abbildung 10:
Die fünf Schritte des Lehrens und Lernens

Gehen wir die Schritte zusammen durch. Wofür ist Schritt 1 gut? Man könnte doch als Erstes zeigen, wie es geht, also direkt mit Schritt 2 beginnen, oder nicht? Das „Wie geht es?" ist aber nur eine Seite des Lernens. Wie wir alle wissen, arbeiten Mitarbeiter motivierter und engagierter, wenn sie den Sinn einer Sache erkennen. Indem wir also nicht nur erklären, wie eine Aufgabe zu erledigen ist, sondern auch, wozu sie getan werden muss, welchen Sinn es hat, sie gründlich zu erledigen, sorgen wir für doppelte Motivation: Motivation jetzt gleich, beim Zuhören und Lernen, denn es wird etwas Wichtiges gelernt; Motivation später, beim Ausführen, denn die Aufgabe hat Sinn und Relevanz, es ist wichtig, dass sie gut und verlässlich erledigt wird.

Schritt 2, vormachen, hilft dem Mitarbeiter, zunächst stressfrei zu erleben, wie etwas geht. Er ist noch nicht gefordert, sondern schaut sich einmal die Aufgabe in Gänze an, bevor er selbst aktiv einsteigt. Er bekommt eine Idee sowohl der einzelnen Schritte wie auch eine Idee vom Ablauf, vom großen Ganzen.

Schritt 3, gemeinsam machen, übergibt dem Mitarbeiter eine Teilverantwortung; die Führungskraft oder die Person, die die Aufgabe vermittelt, unterstützt ihn bei seinen ersten aktiven Versuchen.

Schritt 4, der Mitarbeiter erledigt die Aufgabe, während die Führungskraft dabei zuschaut, beschreibt Prozesskontrolle: Der Mitarbeiter macht schon alleine, wird dabei aber nicht alleinegelassen, denn die Führungskraft beobachtet, was er tut, und kann eingreifen, wenn etwas nicht klappt. Somit ist sichergestellt, dass sich der Anfänger nichts Falsches angewöhnt, was er sich später mühsam wieder abtrainieren muss.

Schritt 5 gibt beiden zusätzliche Freiheit: Jetzt kann sich die Führungskraft um andere Dinge kümmern, der Anfänger hat dem Chef oder dem Lehrer bei Schritt 4 gezeigt, dass er es jetzt kann. Natürlich ist die Führungskraft damit noch nicht außen vor, denn wenn der Mitarbeiter fertig ist, wird sein Chef noch das Ergebnis kontrollieren – das ist sein Job, das ist Schritt 5.

Wenn Sie diese fünf Schritte mit der „Kaltwasser-Methode" vergleichen, merken Sie den Unterschied. Betrachten wir Schritt 1 bis 5 zusammen genommen, sehen wir, dass die Verantwortung für die korrekte Erledigung der Aufgabe immer mehr von der Führungskraft zum Mitarbeiter übergeht: Zunächst weiß und kann die Führungskraft „alles", der Mitarbeiter noch nichts, die Führungskraft hat demzufolge 100 Prozent der Aufgabe bei sich; beim mittleren Schritt, gemeinsam erledigen, ist die Verantwortung um die 50:50 verteilt, während sie am Ende vollständig beim Mitarbeiter angesiedelt ist und die Führungskraft nur noch nach dem Ergebnis schaut. Auch dies kann noch reduziert werden, indem die Führungskraft, wenn es gut läuft, nur noch stichprobenartig kontrolliert oder sogar, solange nichts Besonderes vorfällt, gar nicht mehr kontrolliert.

Damit kommen wir zum ebenfalls auf dem Zettel notierten Ziel der Lernschritte:

Der Mitarbeiter entwickelt einen eigenen Gütemaßstab.

Dieser abschließende Gedanke hat mich besonders beeindruckt, denn er zeigt den Idealzustand: Bevor dieses Ziel erreicht ist, hören wir mit dem Lernen, bzw. dem Lehren, nicht auf! Die Aufgabe ist nicht dann zu Ende, wenn der Mitarbeiter sie erledigen kann – sie ist erst zu Ende, wenn er wie ein Maler von seiner Leinwand einen Schritt von seiner Aufgabe zurücktreten und selbst überprüfen kann, wie gut ihm die Umsetzung gelungen ist. Dieses Ziel ist äußerst verlockend, da sein Erreichen die Führungskraft maximal entlastet und den Mitarbeiter maximal befähigt.

Natürlich sind diese fünf Schritte für die Bewältigung komplexer Aufgaben notwendiger als für einfache. Leiten Sie eine neue Führungskraft an, zu lernen, wie sie ein Beurteilungsgespräch mit einem eigenen Mitarbeiter führt, werden Sie viele Teilschritte machen, damit er es gründlich erlernt. Leiten Sie einen Azubi in der Gastronomie an, die Küche abends sauber zu hinterlassen, werden Sie vermutlich nicht so viele Zwischenschritte einbauen. Aber auch dort gibt es einiges, was man falsch machen kann, daher gilt: Besser zu genau als zu oberflächlich.

Ein klassischer Führungsfehler besteht darin, zu denken, weil man selbst etwas gut kann, sei es für alle anderen auch einfach!

 Profitipp

Wenn Sie bei Schritt 1 erklären, weshalb etwas wichtig ist und wie man es macht: Lassen Sie doch den „Anfänger" nachdenken, wie es gehen könnte und weshalb es so und nicht anders erledigt werden muss! Sie erzielen einen stärkeren Effekt, als wenn Sie selbst die entsprechenden Punkte „herunterbeten".

Gut erklären ist gar nicht so leicht

Wir denken oft, je besser wir selbst eine Sache beherrschen, desto leichter ist es, sie anderen zu erklären. Das ist aber nur zum Teil richtig. Etwas besonders gut zu können oder zu wissen, kann dem Erklären sogar im Weg stehen: Ein Experte kann sich manchmal gar nicht mehr in einen Laien hineinversetzen, er setzt zu viel Wissen voraus; er läuft Gefahr, den anderen während des Erläuterns zu „verlieren".

Was müssen Sie beachten? Mit einer kleinen Übung, für die Sie allerdings einen Partner brauchen und etwas Material (ein Tangram-Legespiel), lässt sich das sehr gut zeigen. Wenn Sie „Tangram" als Bild googeln, finden Sie sowohl die Vorlage zum Ausdrucken und Ausschneiden auf Papier, wie auch verschiedene Figuren zum Legen – damit können Sie diese Übung durchführen.

Übung

- Nehmen Sie ein Tangram-Legespiel und eine Anleitung zum Legen von Tangram-Figuren (die Lösungsseite) zur Hand; setzen Sie sich mit einem Sparringpartner Rücken an Rücken. Ihr Partner sitzt an einem Tisch und bekommt die 7 Tangram-Bausteine, Sie halten die Lösungsanleitung für eine oder mehrere Figuren in der Hand. Wählen Sie eine der Figuren aus, so wie zum Beispiel hier im Bild den Hasen.

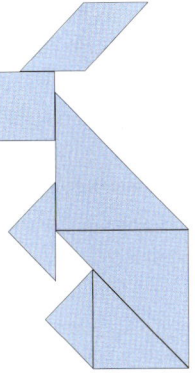

- Ihre Aufgabe besteht nun darin, dem Partner zu erläutern, wie er diese Figur, die Sie sehen können, die er aber nicht kennt, legen soll. Während er arbeitet, dürfen Sie ihn nicht beobachten und können ihn also auch nicht korrigieren. In der härtesten Version der Übung ist es Ihrem Partner außerdem verboten zu sprechen.
- Wechseln Sie die Rollen, damit Sie auch selbst erleben, wie es sich anfühlt, auf jemanden angewiesen zu sein, der über das gesamte Wissen verfügt …
- Werten Sie anschließend aus, wie gut das Erklären gelungen ist und worauf es ankommt, damit es gelingt!

Was hilft uns, etwas gut zu erklären?

1. *gemeinsamer Wortschatz:* Es klingt selbstverständlich, ist es aber nicht automatisch: Nennen Sie, bevor es losgeht, das Ziel des Ganzen: Wenn Sie vorher sagen, „es soll ein Hase werden, der aufrecht auf den Hinterläufen sitzt", dann kann der andere, wenn es einfach nicht nach Hase aussehen will, schneller merken, dass etwas schiefläuft!

2. *die wichtigsten Begriffe klären:* Gerade wenn ein Mitarbeiter neu in einem Unternehmen beginnt, kennt er nicht alle Begriffe und kann deshalb manches falsch verstehen, was man ihm erklärt. Mein liebstes Beispiel wurde mir von einem Hausleiter im Einzelhandel

erzählt, der zu einem neuen Mitarbeiter sagte, „Ziehen Sie das Regal dort noch vor, dann können Sie gehen"; nach einer Stunde stand er erschüttert vor einem Regal, das 20 Zentimeter weit im Kundenlauf, im Gang, stand. „Vorziehen" heißt im Handel, die Waren in den Regalen nach vorne an die Kante zu ziehen, damit es für den Kunden voll aussieht. Wenn man das nicht weiß, gibt es keinen Grund, nachzufragen – und wenn der Neuling sich überlegt haben sollte, wozu das gut ist, wollte er sich, gerade als Neuling, vielleicht vor dem Chef keine Blöße geben.

3. *Zwischenschritte:* Wenn bei der abgebildeten Hasenfigur ein relevantes Teil nicht richtig liegt, sagen wir mal, wenn das untere große Dreieck falsch herum liegt – dann wird alles, was danach kommt, ebenfalls falsch liegen, selbst wenn die Position jedes anderen Teils richtig erklärt wird. Um diesem Problem der Fehlerkaskade vorzubeugen, ist es sinnvoll, bei einer umfangreicheren Lernaufgabe Zwischenschritte zu machen!

4. *Rückfragen zulassen und sogar einfordern:* In der verschärften Übungsvariante darf die Person am Tisch nicht nachfragen. Sie meinen, das sei eine künstliche Erschwernis, die in der Natur so nicht vorkommt? Nehmen wir den strengen Chef und den schüchternen Azubi: Kann es nicht sein, dass sich Letzterer nicht nachzufragen traut? Oder nehmen wir den kompetenten Chef und den langjährigen Mitarbeiter, der etwas Neues lernen soll – womöglich möchte er sich keine Blöße geben, wenn er ein Detail nicht versteht, und ist lieber still, anstatt zu fragen.

5. *Zusammenfassung am Schluss:* Am Ende, wenn die Aufgabe gut besprochen ist, sollte man die wichtigsten Punkte noch einmal zusammenfassen. "Also, Herr Anfänger, ich fasse noch einmal kurz zusammen" ist gut, aber „Also, Herr Anfänger, bitte fassen Sie noch einmal kurz zusammen" ist besser. Auf diese Art bekommen Sie eine letzte Lernkontrolle darüber, was die andere Person wirklich verstanden hat.

Stufen der Kompetenzentwicklung

Ebenfalls zum Themenfeld „andere Leute schlau machen" gehört noch ein Modell, aus dem wir zwei „schwierige Fälle" ableiten können, wenn es ums Lernen geht – und natürlich die Lösungsansätze, wie Sie auch mit diesen Fällen klarkommen. Zunächst das Modell: Es heißt „Stufen der Kompetenzentwicklung" und zeigt vier unterschiedliche Ebenen der Kompetenz (Abb. 11). Es stammt aus dem Bereich der Entwicklungspsychologie (Oerter & Montada, 2002), lässt sich aber ebenso gut im Umgang mit erwachsenen Menschen einsetzen.

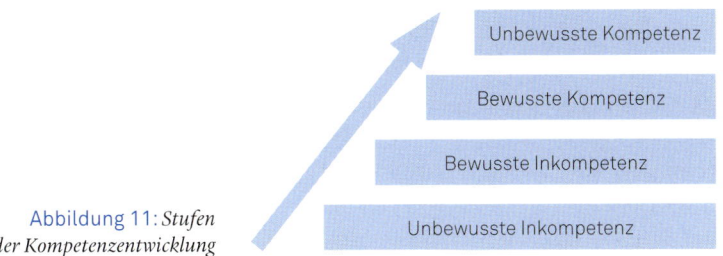

Abbildung 11: *Stufen der Kompetenzentwicklung*

Fangen wir auf der untersten Stufe an: Was bedeutet „unbewusste Inkompetenz"? Nehmen wir ein Beispiel, das wir alle kennen: das Autofahren. Ein Junge, der mit zwölf Jahren seinem Vater beim Autofahren zuschaut, hat noch kein Wissen über die Verkehrsregeln, über Schalten und Kuppeln, Gas geben und Bremsen. Er mag deshalb den Eindruck gewinnen, Autofahren sei sehr einfach – schließlich sieht es bei seinem Vater ganz spielerisch und unkompliziert aus. Seine Inkompetenz ist ihm noch nicht bewusst, er weiß hier noch nicht wirklich, was er alles nicht weiß.

Sitzt dieser Junge nun fünf Jahre später bei seiner ersten Fahrstunde selbst hinter dem Steuer, merkt er, wie kompliziert alles ist. Er merkt gerade in den ersten Stunden, dass er noch nicht Autofahren kann, dass er weitere Stunden braucht, bis er zur Prüfung antreten kann. Seine fehlende Kompetenz ist ihm nun deutlich bewusst („bewusste Inkompetenz" also), er strengt sich an, zu lernen, damit er rasch den Führerschein bekommt.

Hat er seine Prüfung bestanden, ist er offiziell kompetent: Er hat Autofahren gelernt und besitzt in Form seines Führerscheinkärtchens auch den Nachweis darüber. Er weiß, dass er es kann – und er weiß zugleich auch, wie schwierig es noch ist, denn er muss sich absolut darauf konzentrieren, im Straßenverkehr alles richtig zu machen. Wenn er klug ist, lässt er das Radio noch für einige Zeit ausgeschaltet, um sich nicht abzulenken – und die Eltern, die anfangs gerne mitfahren möchten, sind bestimmt klug genug, nicht zu viel Small Talk zu machen, um ihn nicht abzulenken. Er ist sich in dieser Zeit seiner Kompetenz bewusst und benötigt zugleich seine volle Aufmerksamkeit, um sie korrekt einzusetzen.

Blenden wir uns weitere fünf Jahre später ein; nehmen wir an, der junge Mann, inzwischen 22 Jahre alt, hat schon einige Hundert Stunden und einige Tausend Kilometer Fahrpraxis angesammelt. Er benützt seinen eigenen Wagen, um jeden Tag zur Arbeit zu fahren, häufig zu Freunden, gelegentlich in den Urlaub ... Wenn wir ihn in dieser Zeit fragen, wie er denn genau von der Arbeit nach Hause gekommen sei; wo er gebremst, wen er überholt, an welchen Ampeln er angehalten habe, wird er uns vermutlich mit großen Augen anschauen und uns sagen, dass er das nicht mehr wisse – er sei jetzt eben hier. Er ist automatisch gefahren, ohne auf solche Details noch weiter zu achten. Man könnte diesen Modus der „unbewussten Kompetenz" ganz gut als „Routine" bezeichnen, aber dann würden sich die vier Stufen nicht mehr so hübsch benennen lassen.

Was bedeutet das alles für uns, wenn wir anderen Menschen etwas beibringen möchten? Wo sind die Herausforderungen, wenn wir diese vier Stufen als Orientierung verwenden? Welche Stufen bergen womöglich Stolperstellen? Wir finden Herausforderungen auf der ersten und der letzten Stufe – aus vollkommen unterschiedlichen Gründen.

Problemfall „unbewusste Inkompetenz"

Auf der untersten Stufe, der „unbewussten Inkompetenz", befindet sich jemand, der flapsig gesagt so dumm ist, dass er nicht einmal selbst weiß, wie dumm er ist. Damit haben wir, wenn wir dieser Person etwas beibringen möchten, zunächst das Problem der Motivation: Sie weiß ja nicht, dass ihr etwas fehlt, sieht also keine Notwendigkeit, sich anzustrengen und zu lernen. Was ist für Sie die erste Aufgabe, wenn Sie einen solchen Menschen vor sich haben? Um im Bild der Stufen zu bleiben: Sie müssen ihn zunächst auf die nächste Stufe heben; Sie müssen seine Selbsterkenntnis herausfordern, damit ihm bewusst wird, wo seine Defizite liegen.

Dafür gibt es drei verschiedene Möglichkeiten.

Erläutern: Sie können Ihrem Mitarbeiter erläutern, was er nicht kann, welche Defizite er hat. Das geht, aber wer von uns mag sich das gerne anhören? Wir würden mit dieser Methode beim anderen mehr oder weniger großen Widerstand erzeugen, er würde nur widerstrebend zugeben, dass ihm noch Wissen oder Fähigkeiten fehlen.

Gegen die Wand fahren lassen, praktisch: Statt Ihrem Mitarbeiter zu erklären, was er nicht kann, könnten Sie es ihn auch erleben lassen. Sie könnten ihm eine Aufgabe geben, für die ihm die entsprechenden Fähigkeiten fehlen. Er würde scheitern – und wenn er gegen die Wand knallt, die Erkenntnis gewinnen, dass er doch nicht alle Fähigkeiten hat, die notwendig sind. Ziel erreicht, aus „unbewusster" wurde „bewusste Inkompetenz". Was sind die Nachteile? Erstens entspricht die Methode dem „Lernen durch den Sprung ins kalte Wasser", wovon wir ja im letzten Kapitel gesehen hatten, dass dies zu Überforderung, Misserfolg und Demotivation führen kann. Sie würden auch hier Gefahr laufen, Ihren engagierten (aber noch nicht kompetenten) E1-Mitarbeiter in einen demotivierten E2-Mitarbeiter zu verwandeln. Zweitens kosten die Fehler, die er begeht, je nach Größe des Projekts Zeit und Geld: Während er eine Aufgabe falsch erledigt, wird sie nicht wirklich erledigt, und manche Fehler können teuer werden.

Gegen die Wand fahren lassen, theoretisch: Wenn wir den Mitarbeiter gegen die Wand krachen lassen könnten, ohne Zeit oder Geld zu verschwenden, und ohne dass er das als Scheitern erlebt, dann hätten wir nur die Vorteile, ohne die Nachteile. Rufen Sie Ihren Mitarbeiter zu sich und gehen Sie mit ihm die Aufgabe, für die ihm die Kompetenzen noch fehlen, im Gespräch, zusammen durch. Es wird ihm womöglich selbst auffallen, dass er manches nicht weiß, was er für die gewissenhafte Erledigung benötigt. In diesem Fall ist er auf die nächste Stufe, die „bewusste Inkompetenz", gestiegen, doch da er seine Defizite selbst entdeckt hat, können Sie ihn für seine neuen Erkenntnisse loben – Sie bleiben also im positiven Motivationsbereich.

Merkt er aufgrund seiner fehlenden Kompetenz nicht, dass er beim Besprechen der Aufgabe Fehler macht, wenden Sie einen einfachen Kniff an: Fragen Sie ihn nach den Auswirkungen seiner Entscheidungen, entweder zeitlich oder räumlich. Nehmen wir an, dass seine Lösungsidee einen kurzfristigen Erfolg, aber einen langfristigen Nachteil haben würde. Sie loben ihn zunächst für seine Idee, da sie ja etwas

Gutes hat, um ihn im nächsten Schritt zu fragen, welche Auswirkungen diese Idee in sechs Monaten hätte. Indem er diesen späteren Nachteil im Idealfall selbst entdeckt, können Sie ihn erneut für seine Klugheit loben – und mit ihm gemeinsam nach einer besseren Lösung suchen. Liegen die Probleme nicht in der Zeit, sondern im Raum, in dem Sinn, dass die Nachbarabteilung aufgrund der Idee des Mitarbeiters ein Problem bekommen würde oder ein Kollege von ihm, können Sie ihn genau danach fragen: „Interessante Idee – wie würde sich das in der Nachbarabteilung / für Herrn Lehmann auswirken, wenn wir das so umsetzen würden, wie Sie es vorschlagen?" Wieder kann Ihr Mitarbeiter selbst entdecken, dass die Idee noch nichts taugt, seine Motivation bleibt erhalten.

In beiden Varianten entdeckt der Mitarbeiter seine Defizite selbst, er merkt, dass er noch nicht kompetent genug ist, und für diese Erkenntnis können Sie ihn loben. Zugleich befindet er sich am Schluss auf der Stufe „bewusste Inkompetenz" und ist motiviert, zu lernen.

Problemfall „unbewusste Kompetenz"

Auch Menschen, die sich auf der obersten der vier Stufen befinden, können ein Problem darstellen: Gelegentlich ist es schwierig, Personen, die sich auf der Ebene der „unbewussten Kompetenz" bewegen, etwas Neues beizubringen. Weshalb? Denken Sie daran, wie unser junger Autofahrer routiniert und ohne nachzudenken täglich zur Arbeit und wieder zurückfährt. Wenn sich nun etwas verändert, fällt es ihm schwer, umzulernen. Wenn sein nächstes Auto ein Wagen mit Automatik-Getriebe ist, wird er einige Tage benötigen, sich umzustellen. Auch wenn er umzieht und an einem anderen Ort wohnt, dafür dann eine andere Autobahnausfahrt nehmen muss, wird er einige Wochen benötigen, bis sich umgestellt hat. Gerade wenn er in Gedanken ist, fährt er doch bei der alten Ausfahrt von der Autobahn, und merkt es erst nach ein paar Metern, wenn es zu spät ist.

Auf den beruflichen Alltag übertragen: Menschen, die eine Tätigkeit schon sehr lange sehr gut ausführen, die Profis, Routiniers sind, tun sich schwer damit, Neues zu lernen. Oft kommt noch dazu, dass sie sich gegen die Veränderung sperren: „Weshalb? Es läuft doch prima so, wie es ist!?" Denken Sie an die Einführung eines neuen Computerprogramms ... Es gibt viele Beispiele für diesen Reflex des Beharrens.

Welche Möglichkeit haben Sie in solchen Fällen, um Lernbereitschaft zu erzeugen? Sie müssen motivieren, denn das Aufbrechen der Routine benötigt Energie bei dem, von dem es gewünscht wird.

Ein praktisches Beispiel: Ich habe einer Gruppe von Topverkäufern im Direktvertrieb eine neue Technik beigebracht. Diese ist einerseits die stärkste Verkaufstechnik, die ich kenne, erfordert aber andererseits, dass die Profis ihr bisheriges Verhalten drastisch verändern. Einen Monat nach dem Seminar zeigten die Verkaufszahlen keine Verbesserung. Ich habe es mir dann so erklärt, dass Topverkäufer vielleicht nicht mehr besser werden können, war dennoch unzufrieden, kein Ergebnis erzielt zu haben.

Der Verantwortliche rief mich drei Monate nach der Schulung an und fragte, ob ich die neuesten Zahlen kennen würde. Es zeigte sich, dass die Gruppe inzwischen deutlich besser verkaufte als vor der Schulung.

Was war geschehen?

Er erklärte mir, dass direkt nach der Schulung alle sehr beeindruckt waren von der neuen Technik und sie gleich am nächsten Tag ausprobiert hätten. Doch ihre Verkäufe gingen zurück. Da sie provisionsabhängig bezahlt wurden, machten sie das einen oder zwei Tage mit und kehrten dann rasch zu ihrer früheren, durchaus erfolgreichen Technik zurück. Alle, bis auf einen. Dieser eine hat durchgehalten. Auch er hatte Einbußen. Auch er verkaufte nicht sofort besser. Er brauchte über eine Woche, bis er wieder so gut war wie zuvor. Eine weitere Woche, und er war besser als je zuvor. In der Statistik nach einem Monat kam dieser Erfolg jedoch nicht vor – er war schließlich nur einer von 15 und hatte sich erst am Ende des Monats verbessert.

Der Gruppenleiter aber ließ nach diesem Monat den Verkäufer bei einem Gruppentreffen von seinem Erfolg erzählen, von seinen neuesten Spitzenzahlen, und davon, wie er diese erreichte: mit der neuen Methode. Er ließ ihn auch erzählen, wie seine Zahlen zunächst eingebrochen waren, wie bei allen anderen auch – und wie er durchgehalten hatte, bis sich der Erfolg einstellte. Mehr musste er nicht tun, um seine Kollegen zu motivieren: Alle Verkäufer begannen erneut, die neue Methode zu nutzen, und dieses Mal hielten sie durch. Einer von ihnen hatte bewiesen, dass es ging und dass es sich lohnte. Aus diesem

Grund waren drei Monate nach der Schulung die Verkaufszahlen besser als je zuvor.

Das Beispiel zeigt: Die Profis, die sich schon auf der Stufe der „unbewussten Kompetenz" befanden, mussten zunächst überzeugt werden, dass es sich lohnen würde, diese höchste Stufe zu verlassen, um noch einmal etwas Neues zu erlernen. Überzeugung ist der Schlüssel, damit solche Mitarbeiter bereit sind, zu lernen.

Sie fragen, weshalb ich diese Profis als E1-Mitarbeiter, also als „Anfänger", betrachte? Das ist eine gute Frage! Sie waren E4 in Bezug auf ihren Job, sie waren gute, engagierte, kompetente Verkäufer und bereits sehr erfolgreich. Das ist richtig. Doch in Bezug auf die neue Verkaufstechnik, die ich ihnen gezeigt hatte, da waren sie zunächst wieder E1, da waren sie „Anfänger".

S3: Motivieren

Aus Gründen, die ich später erklären werde, wechseln wir vom Führungsverhalten S1 direkt zu S3: zu dem Verhalten, welches wir benötigen, wenn wir einen E3-Mitarbeiter vor uns haben. E3, der dritte Entwicklungsstand, beschreibt einen Mitarbeiter, der zwar inzwischen etwas kann, aber noch nicht will, – oder nicht mehr will (Abb. 12).

Abbildung 12:
Der Frustrierte

Diesem Mitarbeiter fehlt gemäß den Grundgedanken des Situativen Führens das gewünschte Engagement. Wie oben erläutert, besteht unsere Aufgabe darin, uns immer um das zu kümmern, was fehlt. Hatten wir beim E1-Mitarbeiter als Führungsaufgabe „Kompetenz aufbauen", ist die Aufgabe des S3 also „Engagement aufbauen". In der deutschen Literatur finden Sie hier meistens das Wort „Motivieren".

Nun wurde bei der Mitarbeiterführung über kein einziges Thema so viel gesagt und geschrieben wie über das Thema „Motivation". Es gibt Autoren, die seit 1991 immer neue Bücher dazu schreiben, in denen immer wieder Ähnliches steht (Sprenger, 2014). Ich selbst habe in meinem letzten Buch in Form einer Geschichte beschrieben, wie man unselbstständige Mitarbeiter dazu bringt, sich wieder aktiv zu engagieren (Fritzsche, 2016). „Mitarbeitermotivation" füllt also normalerweise ganze Bücher. Da dieses Buch hier ein praktischer Leitfaden sein soll, gebe ich Ihnen in diesem Kapitel einige konkrete und praktische Hinweise, wie Sie beim Thema „Motivation" vorgehen können.

Motivation? Engagement?

Bevor wir zu den praktischen Tipps kommen, zunächst eine Begriffsklärung zu „Motivation" und „Engagement". Hersey und Blanchard schreiben von „Engagement". Dies ist nachvollziehbar: Motivation beschreibt etwas Inneres, was wir von außen nicht sehen können. Engagement dagegen kann ein anderer von außen beobachten, man sagt, dass man es „zeigt".

In welchem Zusammenhang stehen nun diese beiden Aspekte? Im Führungsalltag beobachten wir den Mitarbeiter von außen, wir können daher zunächst über seine Motivation zu bestimmten Aufgaben nichts sagen, jedoch über sein Engagement. Wir sehen, wie viel Engagement Frau Müller *zeigt*. Wenn das gezeigte Engagement uns nicht genügt, haben wir eine Führungsaufgabe: Wir müssen uns um die Motivation von Frau Müller kümmern, wir müssen sie „motivieren", damit sie sich hinter die Aufgabe klemmt.

Polemisch könnte man sagen „Mir ist egal, ob Frau Müller ihre Aufgabe *gerne* erledigt – mir ist nur wichtig, dass sie sie *verlässlich* erledigt." „Gerne" zielt auf die Motivation ab, „verlässlich" auf das gezeigte Engagement.

In diesem Sinn ist der Begriff „Engagement" stimmig, weil es für die Führungskraft theoretisch nicht so sehr um das Innenleben der Mitarbeiter geht, sondern um die gezeigte Leistung. Praktisch gesehen lässt sich im Führungsalltag die Leistung besonders dadurch beeinflussen, dass ich mich um die Motivation meiner Mitarbeiter kümmere.

Fragen!

Das Wichtigste zuerst: Fragen Sie den Mitarbeiter, von dem Sie meinen, er zeige im Moment nicht genügend Engagement, als Erstes ganz direkt, was los ist. Sonst kann es passieren, dass Sie sich zwar im stillen Kämmerlein eine Theorie zurechtgelegt haben, diese aber an der Wirklichkeit vorbeigeht. Schildern Sie Ihren Eindruck, und fragen Sie, ob der Mitarbeiter diesen Eindruck bestätigt.

„Fehlende Motivation" ist ja etwas, was man nicht wie „fehlende Krawatte" unmittelbar sieht, sondern was man aufgrund von beobachtetem Verhalten interpretiert. Aus diesem Grund ist es einfacher, wenn Sie über das Verhalten sprechen und nicht über Ihre Interpretation. Fragen Sie also nicht: „Frau Müller, woran liegt es denn, dass Sie Ihre Arbeit in den letzten Wochen so lustlos und unmotiviert machen?" Diese Formulierung ist nicht nur eine Interpretation, sie kann von Frau Müller auch sehr leicht als Angriff aufgefasst werden.

Schildern Sie lieber das, was Sie beobachtet haben, benennen Sie bestenfalls im Anschluss daran Ihre Interpretation: „Frau Müller, seit etwa zwei Monaten habe ich Sie nicht mehr lachen gesehen, zweimal haben Sie vereinbarte Abgabetermine nicht eingehalten – Sie wirken auf mich seit dieser Zeit ziemlich verändert und lustlos." Mit einer Formulierung dieser Art zeigen Sie Ihr Interesse und dass Sie die Mitarbeiterin als Menschen sehen. Wenn in Ihrer Frage ehrliche Anteilnahme steckt, wird dieser Aspekt alleine schon positiv wirken: „Mein Chef nimmt mich wahr!"

Nachdem Sie sich darüber verständigt haben, dass es eine Veränderung beziehungsweise ein Problem gibt, fragen Sie nach den Gründen.

Dies ist eine der wenigen Situationen, in denen die Frage nach dem Warum sinnvoll ist. Wenn Sie, was leider oft geschieht, bei unerledigten oder schlecht erledigten Aufgaben nach dem Grund fragen, erhalten Sie meist nur eine Reihe von Ausflüchten oder Rechtfertigungen. „Warum haben Sie diese Aufgabe nicht erledigt?" – „Weil ich so viel anderes zu tun hatte ... abgelenkt war ... nicht wusste, dass sie so wichtig für Sie ist ... mich nicht um alles kümmern kann ..." und so weiter. Die Frage nach dem Warum beim Besprechen einzelner Fehler führt meistens in die Vergangenheit zurück und häufig zu anderen Menschen, die „schuld" am Problem sind; sie ist deswegen nicht besonders konstruktiv.

Wenn aber ein Mitarbeiter insgesamt unmotiviert erscheint, sollten Sie ihm das zunächst spiegeln und dann nach den möglichen Gründen fragen. Wenn Sie nur fordern, dass er etwas verändert, könnten Sie die fehlende Motivation noch vergrößern. „Woran liegt es, dass Ihnen die Arbeit keinen Spaß mehr macht?" muss, wenn zuvor der Sachverhalt an sich vom Mitarbeiter bestätigt wurde, gemeinsam geklärt werden, denn möglicherweise benötigt Ihr Mitarbeiter an dieser Stelle auch Ihre Hilfe.

Es gibt mehrere Kategorien von Gründen, weshalb ein Mitarbeiter nicht motiviert ist. Einmal kann er den Sinn einer Aufgabe nicht verstehen; er kann auch mit Ihrem Verhalten unzufrieden sein; er kann unter dem Verhalten anderer leiden; oder aber er kann von Dingen belastet sein, die außerhalb der Arbeit geschehen, auf die Sie keinen direkten Einfluss haben.

Versteht er den Sinn einer Aufgabe nicht, ist es wichtig, diesen mit ihm herauszuarbeiten: „Die ganzen neuen Buchungsregeln gehen mir auf den Geist" ist eine Antwort, bei der Sie den Ball tendenziell wieder zum Mitarbeiter zurückspielen: „Was könnte denn der Sinn der neuen Regeln sein – denken Sie einmal in Ruhe darüber nach!"

Im Idealfall gelingt es Ihnen, den Mitarbeiter durch die Fragetechnik den Sinn der Aufgabe entdecken zu lassen. Das kann einen Moment dauern, lohnt sich aber auf die lange Sicht: Sieht Ihr Mitarbeiter einen Sinn in der Aufgabe, wird er sich nachhaltiger um ihre Erledigung kümmern, als wenn er sie als sinnlos empfindet.

Gelingt es Ihnen nicht befriedigend, dem Mitarbeiter den Sinn der Aufgabe zu vermitteln, sollten Sie die „Mutter aller Fragen", die „Wie-Frage", einsetzen: „Wie können Sie sicherstellen, dass Sie dennoch die Arbeit verlässlich erledigen und die Regeln so beachten, wie sie seit dem letzten Sommer definiert sind?" drückt auch eine innere Haltung zu diesem Problem aus: Auch wenn der Mitarbeiter sich sträubt, hinter der Sache zu stehen, hat er sie normalerweise zu erledigen – und wie er das verlässlich tun wird, sollte er Ihnen gegebenenfalls beantworten können. Natürlich können Sie etwas ausführlicher darauf eingehen. Sie sollten aber nicht in die Falle tappen und sich verantwortlich dafür fühlen, dass der Mitarbeiter die neuen Regeln gut findet, und schon gar nicht die Regeln verändern, nur weil sie ihm nicht passen.

Ein anderer Fall liegt vor, wenn der Mitarbeiter auf die Frage nach dem Grund seiner mangelnden Motivation Dinge anspricht, die in

Ihrem Verhalten liegen. Wählen wir einige Beispiele: „Nun, Frau Stirn, ehrlich gesagt werde ich von Ihnen nur kritisiert und nie gelobt, dabei habe ich mich doch seit meinem Einstieg vor acht Monaten deutlich verbessert" oder auch „Herr Wage, ich habe den Eindruck, weil ich meine Sache besonders gut mache, bekomme ich von Ihnen immer noch Extraaufgaben dazu, während meine Kollegen, die nicht so fit sind, verschont werden; das finde ich ungerecht." In beiden Fällen sagt Ihr Mitarbeiter, dass er aufgrund Ihres Verhaltens nicht so engagiert arbeitet, wie Sie sich das von ihm wünschen.

„Jedes Feedback ist ein Geschenk" – kennen Sie diesen Gedanken? Er ist nicht immer leicht zu beherzigen, doch ich finde ihn sehr nützlich. Zwei Schlussfolgerungen lassen sich unmittelbar ziehen: 1. Wenn man ein Geschenk bekommt, sagt man Danke. 2. Jeder entscheidet selbst, ob er ein Geschenk annimmt oder ob er es lieber liegen lässt.

In jedem Fall sollten Sie bedenken: Ihr Mitarbeiter war offen und womöglich mutig, Ihnen Feedback zu geben – Ihre erste Reaktion sollte deshalb sein, sich dafür zu bedanken. Wenn Sie erkennen, dass das Feedback zutrifft, können Sie dazu Stellung beziehen, Sie können auch einen Puffer benutzen und etwas sagen wie: „Ich werde darüber nachdenken." Allerdings sollten Sie das auch wirklich tun und dem Mitarbeiter das Ergebnis Ihrer Gedanken mitteilen – sonst hat er das Gefühl, Sie verstecken sich hinter rhetorischen Nebelkerzen.

Wenn Sie unsicher sind, ob sich der Mitarbeiter vielleicht doch angegriffen fühlte durch Ihre Eingangsfrage nach seinem fehlenden Engagement und dass er sich deshalb hinter einer Art von Gegenangriff zu verstecken versucht, können Sie nachfragen, indem Sie wiedergeben, was Sie verstanden haben, und es mit Ihrem Ziel verbinden: „Frau Müller, verstehe ich das richtig: Wenn ich Sie für die Dinge, die inzwischen gut laufen, regelmäßig lobe, dann würde das tatsächlich Ihre Stimmung und Ihre Leistung deutlich verbessern?"

Die dritte Art von Gründen für die wahrgenommene Lustlosigkeit könnte sein, dass der Mitarbeiter Ihnen Auslöser für seine Demotivation nennt, die nicht in Ihrem, sondern im Verhalten von anderen Menschen liegen. „Wir haben derzeit so viel Spannungen in unserer Abteilung" oder „Wenn Sie mich schon fragen – ich habe das Gefühl, ich werde von Herrn Mühl und Frau Rad gemobbt." Auch hier erhalten Sie wertvolle Informationen und sollten sich zunächst für die Offenheit des Mitarbeiters bedanken. Im weiteren Verlauf ist es sinnvoll, den angesprochenen Sachverhalt möglichst neutral zu erörtern. Besprechen Sie mit dem Mitarbeiter, inwiefern er das Problem alleine klären kann und wo er womöglich Ihre Hilfe benötigt. Manchmal kann es auch klug sein, zunächst Informationen von anderen Personen einzuholen, um die Sichtweise des einen Mitarbeiters mit derjenigen der anderen beteiligten Personen abzugleichen.

Die vierte Kategorie von Gründen für schwächere Leistungen betrifft Dinge, die nicht aus dem Bereich der Arbeitstätigkeit, sondern aus dem privaten Umfeld Ihres Mitarbeiters stammen. Vielleicht ist ein Angehöriger erkrankt, oder es steht in der Ehe nicht gut, oder ein Kind sorgt in der Schule für Probleme.

Wenn Ihr Mitarbeiter diese Art von Beeinträchtigung schildert, können Sie im Allgemeinen nicht persönlich helfen. Wenn ihr Chef in solchen Situationen ein offenes Ohr für sie hat, ist das für die meisten Menschen dennoch eine Hilfe: „Mein Chef hat mir das angemerkt, und er hat mich gefragt und mir zugehört – ich bin ihm als Person wichtig." Dies alleine kann bereits motivierende Wirkung haben.

Wenn die privaten Einflüsse stark beeinträchtigend wirken, kann es sinnvoll sein, mit dem Mitarbeiter den Umgang mit der Situation zu besprechen. „Was wünschen Sie sich von mir, Frau Last?" ist eine Frage mit wenig Risiko, denn die meisten Menschen haben einen guten Realitätssinn. Sie wünschen sich selten etwas, was überzogen ist. „Ich würde gerne in den nächsten Wochen pünktlich gehen" oder „Es würde mir helfen, wenn ich, bis mein Mann aus dem Krankenhaus zurück ist, eine Stunde später anfangen dürfte, damit ich die Kinder noch zur Schule bringen kann" sind Dinge, die Sie unmittelbar entscheiden können und die den Mitarbeiter direkt und konkret unterstützen.

Sollten doch in einzelnen Fällen sehr große Wünsche geäußert werden, können auch diese besprochen und gegebenenfalls verhandelt werden: „Ich müsste eigentlich in der jetzigen Situation jeden Tag schon um 13 Uhr statt um 16 Uhr nach Hause gehen." – „Oh! Und für wie lange?" – „Am besten für drei Monate." – „Das kann ich leider nicht unterstützen. Sie haben ja einen vollen Vertrag, und wir brauchen Sie auch mit voller Kraft. Würde es denn helfen, wenn ich das für die nächsten 14 Tage akzeptiere? Oder wie wäre es, wenn ich es für drei Monate unterstütze, an zwei Tagen pro Woche?" Suchen Sie gemeinsam nach Lösungen, hier ist jeder einzelne Fall anders.

Gib Geld!?

Bevor wir zwei grundsätzliche Handlungsfelder betrachten, die Sie ganz konkret zur Förderung der Motivation nützen können, sollten wir auf einen sehr verbreiteten Reflex schauen. Er lautet: „Motivieren kann man vor allem, indem man Anreize schafft." Was ist da dran? Müssen Sie grundsätzlich Preise versprechen und Boni in Aussicht stellen, wenn Sie Ihre Mitarbeiter motivieren möchten?

Die radikalste Position dazu lautet: Anreize *zerstören* die Motivation! Genauer müsste der Satz lauten: „Anreize zerstören die intrinsische Motivation." Was bedeutet das? Als „intrinsische Motivation" bezeichnet man das, was Sie von vornherein gern tun, weil es Spaß macht oder weil es Sie interessiert. Von „extrinsischer Motivation" spricht man dagegen, wenn Sie etwas tun, um eine Belohnung zu bekommen oder um eine Bestrafung, eine negative Konsequenz, zu vermeiden.

Wenn Sie frei wählen könnten – welche Art der Motivation wäre Ihnen bei Ihren Mitarbeitern wertvoller? Die von innen heraus oder die wegen der Belohnung? Wenn Sie Kinder haben, können Sie sich leicht ausmalen, was geschehen würde, wenn Sie Leistung mit Belohnung verknüpfen: Einmal spülen 1 Euro, Auto waschen 5 Euro, Schuhe putzen 0,50 Euro je Paar. Bitten Sie Ihren Sprössling, die Straße zu fegen, kennen Sie seine Antwort: „Wie viel bekomme ich dafür?"

Anreize und Boni wirken häufig negativ, sie bewirken einen Verdrängungs- oder „Korrumpierungseffekt": Wenn ich für ein Verhalten, das ich normalerweise gerne zeige (für das ich also intrinsisch motiviert bin), eine Belohnung erhalte (nun also extrinsisch motiviert werde), *sinkt* die intrinsische Motivation. Erklärt wird das durch die sogenannte Selbstwahrnehmungstheorie (Bem, 1967). Diese besagt, dass man sich ständig selbst beobachtet und aus dem eigenen Verhalten dann auf seine innere Motivationslage schließt.

Für die Anreize und Boni heißt das: Ich beobachte mich selbst dabei, wie ich für die Tätigkeit A eine Belohnung erhalte, und schließe daraus: „Ich werde für A belohnt; deshalb führe ich A aus; demnach ist die Belohnung der Grund dafür, dass ich A erledige – somit ist A selbst nicht besonders reizvoll für mich."

Diese Theorie ist eingängig. Neuere Übersichtsstudien, die alle Studien zu diesem Thema zusammenfassen, weisen darauf hin, dass es nicht immer so einfach ist (Cameron et al., 2001). Belohnung hat wohl eine negative Wirkung auf die intrinsische Motivation nur dann, wenn sie pauschal für die Tätigkeit an sich verteilt wird; sie hat aber positive Wirkung, wenn sie in Verbindung mit besonderer Leistung erfolgt, zum Beispiel für das Lösen einer schwierigen Aufgabe oder für den Sieg in einem Wettkampf.

Die Schlussfolgerung aus dieser Forschung ist klar: Belohnen Sie nicht für eine Tätigkeit an sich, versprechen Sie Anreize und Boni nur, wenn besondere Leistung gezeigt wird.

Es gibt noch einen weiteren Ansatz, der Belohnung in Form von Geld kritisch beleuchtet: die Zwei-Faktoren-Theorie von Herzberg (1993). Sie besagt, dass es zwei verschiedene Dimensionen gibt, die in unterschiedlicher Weise zur Arbeitszufriedenheit eines Menschen beitragen: die „Hygienefaktoren" einerseits und die echten „Motivatoren" andererseits (Abb. 13).

Die *Hygienefaktoren* wirken negativ auf die Arbeitszufriedenheit, wenn sie *fehlen*: Hygiene ist etwas, was vorhanden sein sollte, damit man sich wohlfühlt. Ist sie vorhanden, führt sie dennoch nicht ständig zu Glücksgefühlen. Umgekehrt führt es zu Problemen immer dann, wenn Hygiene *nicht* in ausreichendem Maß gegeben ist. Herzberg hat dieses Muster auf die Arbeitswelt übertragen. Welche Faktoren beeinflussen also die Arbeitszufriedenheit negativ, wenn sie nicht genügend vorhanden sind – ohne aber meine Arbeitszufriedenheit permanent positiv zu beeinflussen, wenn sie ausreichend vorhanden sind? Das Einkommen steht ganz oben auf der Liste. Die Höhe des Einkommens wird also nur dann relevant, wenn ich es angesichts von Umfang und Qualität meiner Arbeit als „zu wenig" einschätze. Es demotiviert mich dann, so wenig zu bekommen. Auch aus diesem Ansatz folgt also, dass ein hohes Einkommen nicht von alleine zu hoher Arbeitszufriedenheit führt.

Weitere Hygienefaktoren sind in diesem Sinn auch Arbeitsbedingungen, Arbeitssicherheit, Unternehmenspolitik.

Als *Motivatoren* beschreibt Herzberg diejenigen Bereiche des Arbeitslebens, die zu mehr Zufriedenheit führen, je mehr sie vorhanden sind: Hierzu gehören unter anderem Anerkennung, die Art der Arbeit, das Ausmaß an Verantwortung, Aufstiegsmöglichkeiten. Möchten Sie Motivation wirklich steigern und nicht nur Demotivation verhindern, sollten Sie sich laut Herzberg auf diese Aspekte konzentrieren und deren positive Ausprägung fördern und unterstützen.

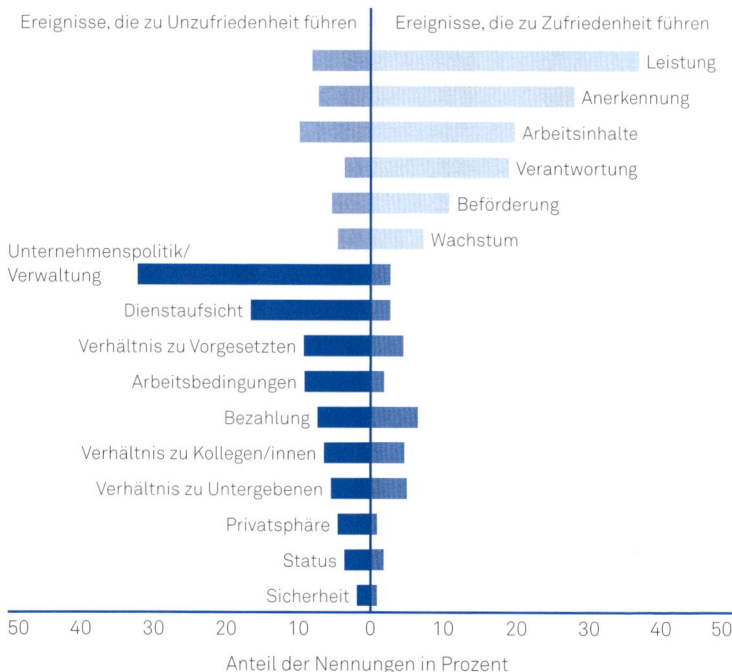

Abbildung 13: *Die Zwei-Faktoren-Theorie*

Auch Herzberg wurde kritisiert; man sagte vor allem, dass die Methode, die er für seine Forschung eingesetzt hatte, zwingend zu diesen zwei Dimensionen führen musste (Büttner, 2010). Aus meiner Sicht ist diese Kritik nicht nachvollziehbar. In jedem Fall halte ich den Gedanken, zwischen Motivationsverhinderern und Motivationsförderern zu unterscheiden, für eine kluge und im Alltag anregende Idee; sie kann unseren Blick auf die Aspekte der Arbeitswelt lenken, die über die bloßen Anreizsysteme hinausgehen.

Lassen Sie uns zwei weitere Perspektiven betrachten, die für den unmittelbaren praktischen Führungsalltag relevant sind.

Eine simple Formel

Es gibt eine Formel in der Motivationspsychologie, die Motivation erklärt (Vroom, 1994). Sie lautet

$$M = E \times W$$

Was steckt dahinter? M steht für Motivation – erraten. Doch wofür stehen die beiden anderen Buchstaben?

Ein Hinweis zum Nachdenken: Die Formel erklärt, weshalb Menschen Lotto spielen. Sie erklärt ebenso, weshalb andere Menschen kein Lotto spielen. Und sie erklärt, weshalb am Jackpot-Tag mehr Menschen als sonst Lotto spielen. Natürlich erklärt sie noch viel mehr, aber am Beispiel Lotto lässt sich gut veranschaulichen, wie diese Faktoren zusammenspielen.

Also: Weshalb spielt man Lotto? Natürlich weil man sich einen großen Gewinn erhofft. Man ist motiviert, man steht vom Sofa auf, zieht Schuhe und Jacke an, bewegt sich zur Lottoannahmestelle – all das, weil man sich für sein Verhalten, wenn es gut geht, eine Belohnung erhofft, viel Geld, am besten eine Million. „Also doch Geld?", werden Sie fragen; einen Moment noch, bitte, das Geld taucht nur wegen meines Lotto-Beispiels auf. Es versteckt sich hinter dem Buchstaben W.

Weshalb spielen andere Menschen *kein* Lotto? Wegen des Buchstabens E. Wofür steht dieser Buchstabe? Weshalb spielen Sie – vielleicht – kein Lotto, oder Ihr Nachbar, Ihr Partner? Weil Sie nichts gewinnen werden? Genauer formuliert: weil Sie nicht damit rechnen, zu gewinnen. E steht für die Erfolgswahrscheinlichkeit einer Sache. In meinen Seminaren sage ich ersatzweise „Erreichbarkeit", weil das ein alltäglicheres Wort ist. Mathematisch gesehen kann die Erreichbarkeit, die Wahrscheinlichkeit, durch mein Handeln Erfolg zu haben, zwischen 0 und 1 liegen, mit 0 für „niemals" und 1 für „auf jeden Fall".

W steht nicht nur für Geld, sondern für Werte insgesamt. Zum Glück kennt die Menschheit mehr Werte als nur Geld oder Einkommen. Wenn Sie mögen, schreiben Sie einige Werte auf – zwölf bis fünfzehn dürfen es schon sein!

Übung

Notieren Sie möglichst viele Werte, die Ihnen einfallen:

_____
_____
_____
_____
_____

Bleiben wir noch für einen Moment beim Geld und beim Lottospielen. Wissen Sie, was mich fasziniert? Der Jackpot. Was sehen Sie in den Kaufhäusern, wenn der Jackpot wächst? Was sehen Sie, wenn es statt einer Million plötzlich fünf, zehn oder zwanzig Millionen Euro zu gewinnen gibt? Richtig: Sie sehen Schlangen an den Lottoannahmestellen. Menschen, die sonst nicht Lotto spielen, stehen plötzlich an, um einen Tippschein zu kaufen. Das ist aus zwei Gründen für mich faszinierend.

Erstens zeigt es, dass die Formel stimmt: Während die Erreichbarkeit gleich bleibt (die Wahrscheinlichkeit für „sechs Richtige" ist immer gleich), der Wert jedoch ansteigt, werden mehr Menschen als zuvor motiviert, zu spielen – und kaufen einen Schein.

Zweitens, und das ist bemerkenswert, sagen diese Menschen, die zusätzlich anstehen, durch ihr Verhalten Folgendes: „Für *eine* Million würde ich mich ja nicht extra anstellen ..." – lustig, oder?

Jedenfalls können wir sehen: Die Formel

Motivation = Erreichbarkeit x Wert

beschreibt menschliches Verhalten offenbar gut (Atkinson, 1995).

Noch eine weitere Bemerkung zur Mathematik: Das Mal-Zeichen in der Formel bekommt in einem speziellen Fall eine besonders wichtige Bedeutung: wenn einer der beiden Faktoren genau null beträgt. Sobald dies der Fall ist, ist auch die Motivation null. Sie können also die tollsten Anreize der Weltgeschichte bieten – solange Ihr Mitarbeiter glaubt, dass er das gesteckte Ziel ohnehin nicht erreicht, wird seine Motivation null sein.

Werfen wir einen Blick auf Ihre Werteliste – haben Sie mehr als zehn gefunden? Was treibt Menschen an, wofür kämpfen sie, was möchten sie gerne erreichen? *Geld*, ja, das hatten wir schon – meistens steht Geld aber für etwas, was man damit kaufen kann, und das kann ein dickes Auto genauso gut sein wie ein Urlaub oder eine schöne Tischdecke. Das Auto wiederum kann man sich kaufen, weil *Bequemlichkeit* einen wesentlichen Wert darstellt – oder aber, weil man den Nachbarn beeindrucken möchte und das durch Betonen des eigenen *Status* zu erreichen hofft. Der Urlaub kann für *Abenteuer* stehen

oder für *Bildung*, er kann auch für *Erholung* oder für *Abstand und Ruhe*
stehen. Werte, die der Hoffnung auf Leistung mancher Führungskräfte auf den ersten Blick entgegenstehen, sind zum Beispiel *Freizeit*, natürlich auch *Gesundheit*. Viele Führungskräfte, die sich 60
oder 80 Stunden im Unternehmen aufgeopfert haben, äußern sich
erstaunt darüber, dass „die jungen Leute heute" einen nächsten Karriereschritt in den Wind schlagen, wenn sie dafür zu viel Freizeit op-
fern müssen. Das hätte es zu ihrer Zeit, oder jedenfalls in ihrem Leben, nicht gegeben!

Das *Leistungsmotiv* und das *Machtmotiv* zählen zu den vier stärksten Antreibern. Bestimmte Menschen lieben es, *Erfolg* zu haben, andere lieben es, *Macht* über andere zu haben. Ich habe einen Staubsaugervertreter kennengelernt, der mir ein abgegriffenes Blatt Papier
zeigte, das aussah, als hätte es Jahrzehnte auf dem Rücken. Es war
aber „nur" die Verkäufer-Rangliste der „Top 100" des letzten (!) Monats, die seine Führungskraft für ihn ausgedruckt hatte. Er trug sie
immer bei sich, denn sein Name stand damals auf der Rückseite des
Blattes. Er befand sich auf Rang 88 von insgesamt 3600 Verkäufern.
„Und nächstes Jahr, Herr Fritzsche, nächstes Jahr, da stehe ich *vorne*!",
waren die Worte, mit denen er das Blatt umdrehte. Dort standen die
Verkäufer Nr. 1 bis 50 …

Für diesen jungen Mann muss man in Bezug auf seine Motivation
nicht mehr tun, als ihm jeden Monat die neueste Liste zuzusenden.
Überlegt er nach einem erfolgreichen Tag abends um 17.30 Uhr, ob er
nach Hause gehen soll oder noch die nächsten zwanzig Häuser ab-
klappern, dann kann man sicher sein, dass er nach einem energischen
Atemzug nicht zum Auto, sondern zur nächsten Haustür marschiert.
Das funktioniert – bei ihm. Denn ein besonders hoher Wert in seinem
Herzen ist Erfolg.

Würde man etwas Ähnliches mit dem Finanzbeamten, der einmal
vor mir saß, probieren und ihm einen monatlichen Leistungsbericht
ausdrucken – dann würde ihn das vermutlich vollkommen kaltlassen.
Jedenfalls hätte es das, bevor drei Jahre vor seiner Pensionierung im
Finanzamt das Prinzip „Beförderung erfolgt gemäß erbrachter Leistung" eingeführt wurde. Ein 62-jähriger Mann saß weinend vor mir,
weil er – für ihn überraschend – nicht mehr befördert wurde, als er doch
„dran" gewesen war. Er weinte, weil er diese Beförderung in seinen
Rentenplan fest eingebaut hatte. Er konnte die Ungerechtigkeit nicht

fassen, dass plötzlich (...) die Jahre im Amt nicht mehr genügten, um alle drei Jahre verlässlich befördert zu werden. In seinem Wertespektrum waren Leistung oder Erfolg vermutlich keine zentralen Werte. Für ihn zählten Werte wie *Sicherheit, Berechenbarkeit, Planbarkeit.*

Natürlich ist auch die *Arbeitsplatzsicherheit* ein wesentlicher Wert – als in den 90er-Jahren in Ostdeutschland die Arbeitslosigkeit bei über 20 Prozent lag, hatten die Führungskräfte dort leichtes Spiel. Sie konnten Überstunden von täglich ein bis zwei Stunden erwarten – niemand von denen, die Arbeit hatten, wollte sie verlieren. „Wenn Sie nicht wollen – vor der Tür warten zehn andere, die Ihren Job gerne machen möchten" war damals leider ein häufig zitierter Ausspruch.

Sie merken es: Wir könnten noch viele weitere Werte aufzählen. Weshalb geht die Anwaltsgattin für 10 Euro im Supermarkt Regale einräumen? Vielleicht weil Sie *dazugehören* möchte. Vielleicht auch, weil sie *unabhängig sein* möchte und nicht immer erst den Herrn Gemahl fragen, wenn sie zum Friseur gehen oder neue Schuhe kaufen möchte. Warum liegt Bill Gates nicht einfach auf einer privaten Insel am Strand und lässt sich bedienen? Weil er offenbar mit seinen Ressourcen *etwas Gutes bewirken* möchte. Vielleicht möchte er auch, dass sein *Ruhm* sich nicht nur auf die Computerindustrie erstreckt. Oder, gut möglich, beides ist ihm ähnlich wichtig.

Was hatten Sie in Ihrer Werteliste ganz oben notiert? Hoffentlich das Stichwort *Lob* – denn in Umfragen unter Mitarbeitern wird dieser Wert fast immer an allererster Stelle genannt: Die Menschen möchten gerne *Anerkennung* erfahren für das, was sie leisten. Nur sehr wenige, sehr sachliche Menschen sind davon vollkommen frei. Weshalb schreibe ich dieses Buch, anstatt meine freie Zeit in anderer Weise zu genießen? Natürlich weil es *Spaß* macht – ich schreibe gerne. Wollte ich damit Geld verdienen, müsste ich einen Krimi schreiben. Wenn ich etwas Glück habe, zahlt es sich über die Verkaufszahlen wieder auf der Werteebene *Ruhm und Ehre* aus, und darüber dann wieder, über neue Kunden, auch auf *Erfolg.* Als Autor habe ich auch einen bestimmten *Status*, wenn ich mit Personalchefs oder Vorständen über neue Aufträge spreche. Es ist also eine Mischung von Gründen, die mich dazu bringt, zu schreiben, anstatt nur fernzusehen oder mit dem Hund zu spielen.

Wie motivieren Sie also? Wie bringen Sie jemanden dazu, sich um eine Aufgabe motiviert zu kümmern?

Gemäß der Formel „Erreichbarkeit mal Wert" verknüpfen Sie die Aufgabe, die Sie stellen, mit einem Wert, der durch die Erfüllung der Aufgabe erreicht werden kann.

Natürlich haben Sie es schon bemerkt: Nicht jeder Mensch ist in gleicher Weise zu motivieren. Mein Beispiel vom Staubsaugervertreter und vom Finanzbeamten zeigt: Was für Person A überzeugend und motivierend klingt, hört sich für Person B unlogisch oder sogar erschreckend an.

Ein typischer Führungsfehler besteht darin, dass man andere spontan so motiviert, wie man selbst zu motivieren wäre: „Maier, wenn Sie dieses Jahr ins Ausland gehen, ist Ihnen der nächste Karriereschritt sicher!" oder „Müller, wenn Sie sich in diesem Projekt ordentlich reinhängen, bekommen Sie zur Belohnung mehr Verantwortung!"

So etwas klappt nicht immer, denn vielleicht will die angesprochene Person keinen weiteren Karriereschritt machen, jedenfalls nicht um jeden Preis, vielleicht will sie gar nicht mehr Verantwortung, sondern erschrickt sogar bei dem Gedanken. Ihre Argumente greifen zu kurz, weil Sie von sich auf andere schließen. Wenn Sie zielgenau motivieren müssen, dann sollten Sie von den Werten Ihres Gesprächspartners ausgehen und nicht von Ihren eigenen.

Ein ähnlicher Fehler liegt vor, wenn man über „das Unternehmen" motivieren möchte: „Machen Sie doch bitte alle in den nächsten sechs Wochen auch am Samstag Dienst – das wird unserem Unternehmen helfen, aus der Krise zu kommen!" ist nicht psychologisch formuliert. Näher am Leben der Mitarbeiter wäre es, wenn man ergänzen würde: „So helfen Sie alle mit, Ihre Arbeitsplätze zu sichern." Erst jetzt wurde ein persönlicher Wert angesprochen: *Arbeitsplatzsicherheit.*

Die gute Nachricht lautet: Je besser Sie jemanden kennen, umso besser können Sie diese Person motivieren – denn im Allgemeinen kennen Sie auch das Wertesystem von bekannten Personen besonders gut.

Überzeugen statt überreden

Im Folgenden geht es um einen anderen Ansatz des Motivierens. Er schließt den vorherigen nicht aus, sondern ergänzt diesen. Im Mittelpunkt steht die Haltung der Führungskraft innerhalb des

Dreiecksverhältnisses Führungskraft – Mitarbeiter – Aufgabe. Viele Führungskräfte, die eher intuitiv führen, handeln hier regelmäßig falsch.

Beachten und trainieren Sie die hier aufgeführten Hinweise, werden Sie einige Stunden Zeit pro Woche gewinnen; fast nebenbei bewirken Sie zudem eine bessere Atmosphäre in Ihrem Team.

Am Beginn meiner Führungsseminare frage ich gerne, was für die verschiedenen Teilnehmer ein gutes Ergebnis des Seminars wäre. Die häufigste Antwort 1996 wie 2006 und 2016 lautet: „Viele meiner Mitarbeiter sind enorm unselbstständig. Alle drei Wochen muss ich ihnen alles wieder von vorn erklären! Wenn Sie mir zeigen könnten, wie ich meine Mitarbeiter zu mehr selbstständigem Denken und Handeln bewegen könnte – das wäre für mich ein Traum!"

Weil diese Situation so häufig auftritt, habe ich darüber ein Buch geschrieben (Fritzsche, 2016). Das Problem ist wesentlich, denn es kostet Zeit, es kostet Atmosphäre und Motivation. Die Lösung des Problems fasse ich auf den nächsten Seiten kompakt zusammen.

Führungsfehler „Erklären": Diagnose vor Therapie!
Vor dem Hintergrund der Gedanken des Situativen Führens können Sie beantworten, welchen zentralen Fehler die oben erwähnten Führungskräfte begehen: *„Alle drei Wochen muss ich alles wieder von vorn erklären!"*

Was läuft hier falsch? Denken Sie an E1 bis E4: Die Führungskraft, die sich mit diesen Worten beschwert, sagt zugleich, dass die gestellte Aufgabe zunächst ausgeführt und erst später wieder vernachlässigt wurde. „Es" hat offenbar für zweieinhalb Wochen funktioniert.

Weiterhin sagt die Führungskraft: Wenn „es" erneut nicht mehr funktioniere, sei ihre Maßnahme, also ihr Führungsverhalten, „zu mir rufen und noch mal von vorn erklären.".

Was macht dieser Chef falsch? Denken Sie an unsere vier Quadranten! Lassen Sie uns die Grundsatzfragen des Situativen Führens anwenden.

Laut Situativem Führen sollten wir als Erstes den Entwicklungsstand des Mitarbeiters bestimmen. Der Mitarbeiter hat zwei bis drei Wochen etwas gekonnt und hat es erledigt; nun erledigt er es nicht mehr. Welcher Entwicklungsstand ist das? Fehlt die Kompetenz, oder fehlt das Engagement? Richtig – was er für zwei bis drei Wochen konnte, kann er bestimmt am Ende der dritten Woche immer noch. Wenn die Leistung trotzdem nicht (mehr) kommt, hat das Engagement nachgelassen. Es handelt sich also um einen Fall von „kann, will aber nicht (mehr)", einen E3-Mitarbeiter.

Damit haben wir unsere „Diagnose".

Betrachten wir im zweiten Schritt die „Therapie" der Führungskraft: Was hat sie gemacht? Nach eigener Aussage „alles wieder von vorn erklärt". Zu welchem Entwicklungsstand passt dieses Führungsverhalten? Passt es hier? Nein, denn *Erklären* gehört zum E1-Mitarbeiter, der „noch nichts kann, aber gerne will".

Damit haben wir die Erklärung für das ständig wiederkehrende Problem: Die Führungskraft kennt das Modell der vier Entwicklungsstände nicht; oder sie wendet es nicht konsequent an. Weil Mitarbeiter Müller die Aufgabe X nicht mehr erledigt, wird er zum Chef zitiert und bekommt dort noch einmal ausführlich *erklärt*, was er zu tun hat. Dann läuft es wieder – für zwei bis drei Wochen. Und das Ganze beginnt von vorn.

Der Chef hätte nicht erklären sollen, sondern sich mit der Motivation des Mitarbeiters beschäftigen. Dieser befindet sich nicht auf der Entwicklungsstufe E1, sondern auf E3.

Vielleicht fragen Sie, warum das Erklären überhaupt für einige Zeit „hilft"? Nun, der Mitarbeiter versteht natürlich, dass es der Führungskraft wichtig ist, dass Aufgabe X getan wird; vermutlich nervt es ihn auch, dass er schon wieder „zum Chef muss"; sicher nervt es, sich dessen Vortrag erneut anzuhören. Also reißt er sich für ein bis zwei Wochen zusammen und kümmert sich um die Aufgabe.

Nachhaltig ist das leider nicht, motivierend schon gar nicht. Wenn schon, ist es eher demotivierend, denn es nervt wie gesagt, den gleichen Vortrag zum fünften oder zehnten Mal über sich ergehen lassen zu müssen. „Warum erklärt der mir das immer wieder, ich bin doch nicht blöd" ist kein motivierender innerer Dialog!

Wir halten fest: Wenn wir einem E3-Mitarbeiter,
der eine Aufgabe nicht verlässlich erledigt, erklären,
was er zu tun hat, ist dies ein Führungsfehler,
da er schon kann, aber im Moment nicht will.

Was tun wir stattdessen?

Sinn, Wert, Nutzen

Wir befinden uns ja bereits im Kapitel zur Motivation. Welche Regeln haben wir bisher aufgestellt? 1. wir sollten nach Gründen für die mögliche Demotivation fragen, und 2. wir sollten das Erledigen der Aufgabe verbinden mit einem Wert, der für diesen speziellen Mitarbeiter relevant ist.

Zunächst können wir also fragen, woran es liegt, dass Herr Müller die Aufgabe immer wieder nicht verlässlich erledigt, damit hatten wir das Kapitel begonnen. Sollte es Hinderungsgründe geben, bei denen wir ihm helfen müssen, werden wir uns darum kümmern. Sollte sich herausstellen, dass Herr Müller keine wirklich guten Gründe hat, sondern einfach nicht hinter der fraglichen Aufgabe steht, müssen wir annehmen, dass er keinen Sinn in der Aufgabe sieht – sonst würde er sich von sich aus um die Erledigung kümmern. Es geht also häufig darum, dem Mitarbeiter den Sinn der entsprechenden Aufgabe klarzumachen.

Etwas ergibt im Allgemeinen dann Sinn, wenn es in einem größeren Zusammenhang gesehen wird; es ergibt darüber hinaus einen Sinn, wenn es mit einem persönlichen Wert verknüpft werden kann. In diesem Fall spricht man von Nutzen. Ihre Aufgabe ist also, im Fall des E-3-Mitarbeiters diesem seinen persönlichen Nutzen zu verdeutlichen. Was hat Herr Müller davon, wenn er verlässlich erledigt, was Sie gern von ihm möchten? Das sollten Sie herausarbeiten.

Führungsfehler „Quasselstrippe": Wer bewegt sich?

Nehmen Sie den letzten Gedanken bitte als Grundlage für eine kurze mentale Übung.

Übung

- Teil 1: Wählen Sie zunächst in Gedanken einen Mitarbeiter, der eine Aufgabe, die er erledigen soll, immer wieder schleifen lässt. Arbeiten Sie den Nutzen dieser Aufgabe für diesen Mitarbeiter heraus: Überlegen Sie, welche Werte für ihn wichtig sind und wie sich die Erledigung der Aufgabe mit diesen Werten verknüpfen lässt.
- Teil 2: Nun malen Sie sich bitte den Dialog aus, den Sie mit ihm führen werden: Wie machen Sie ihm klar, dass das regelmäßige Erledigen der Aufgabe für ihn persönlich sinnvoll ist? Stellen Sie sich einige Minuten dieses Dialogs möglichst genau vor.

Wer von Ihnen hatte in dem fiktiven Dialog, den Sie gerade innerlich „hörten", mehr Redeanteil? Sie selbst oder Ihr Mitarbeiter? Haben Sie ihm den Nutzen *erklärt* – oder haben Sie ihm durch Fragen geholfen, den Nutzen *selbst* zu erkennen? Dies ist die Kernfrage des professionellen Führungsdialogs. Gerade Führungskräfte, die sich besonders inständig erhoffen, dass ihre Mitarbeiter selbstständiger werden, die sich besonders deutlich darüber beklagen, dass sie so unselbstständige Mitarbeiter führen müssten, haben an dieser Stelle des Motivationsdialogs selbst den größten Redeanteil. Sie reden deutlich mehr als ihr Mitarbeiter, sie erklären ihm weitschweifig, welchen Nutzen er aus der Veränderung seines Verhaltens ziehen wird.

Richtig, die Aufgabe lautete, dem Mitarbeiter seinen Nutzen klarzumachen. So weit, so gut. Aber: Indem *Sie* ihm den Nutzen erklären, verschenken Sie eine wesentliche Chance, als Führungskraft wirkungsvoll und nachhaltig zu wirken!

Mein Schlüsselmoment fand in einem Seminar vor vielen Jahren statt. Ich hatte einen Dialog zwischen zwei Teilnehmern mit der Kamera aufgezeichnet. Ein Teilnehmer in der Rolle der Führungskraft sollte einen anderen Teilnehmer in der Rolle des Mitarbeiters zu einer Aufgabe motivieren. Ich wollte danach für die Seminargruppe einen bestimmten Moment des Dialogs finden und spulte das Band in der Kamera zurück. Dabei war zunächst zufällig das Bild zu sehen und der Ton zu hören – zwei Menschen saßen sich gegenüber, durch die Funktion „Schneller Rücklauf" zappelten sie hektisch mit den Händen und wackelten mit den Köpfen, zugleich war nebenbei ein Zwitschern und Schnattern zu hören, wenn sie sprachen.

Beim Betrachten fiel auf: Einer von beiden zappelte und zwitscherte deutlich mehr als der andere. Dieser eine, nennen wir ihn A, strampelte sich richtiggehend ab, man sah, wie er ganz vorn auf seiner Stuhlkante saß, wie die Hände sich lebhaft bewegten, wie sie aufzählten und offenbar Überlegungen und Standpunkte darstellten und betonten. Dabei zwitscherte seine Stimme hoch, schnell und natürlich unverständlich die Worte und Argumente, die er aussprach. Der andere, nennen wir ihn B, saß dagegen weit hinten im Stuhl, zurückgelehnt ... man konnte kaum jemals eine Bewegung erkennen, gelegentlich erfolgte vielleicht ein knappes Schulterzucken, ein Stirnrunzeln flog vorüber, ein oder zwei Worte ertönten als kurzes Piepsen aus Bs Mund.

Nun frage ich Sie: Wenn das ein *gelungenes* Motivationsgespräch gewesen wäre – welcher von beiden wäre dann die Führungskraft gewesen und welcher der Mitarbeiter?

Es war *kein* besonders gutes Motivationsgespräch. Der sehr aktive, zappelnde, zwitschernde A war der „Chef", der zurückgelehnte, das Zwitschern vorüberziehen lassende B der Mitarbeiter.

Weshalb war das kein gutes Gespräch?

Motivation kommt von „movere", das bedeutet im Lateinischen „bewegen, in Bewegung versetzen". Wenn ich motivieren möchte, möchte ich in Bewegung versetzen. Wenn ich mich nun vor einen Mitarbeiter setze und ihm eloquent erläutere, was sein Nutzen in einer bestimmten Situation ist – wer bewegt sich dann? *Ich.* Der Mitarbeiter sitzt still. Ich mache die Arbeit – hier sowohl die Denkarbeit wie auch die Redearbeit. Vielleicht wartet der Mitarbeiter wohlwollend ab, ob es mir gelingt, ihn zu überzeugen; vielleicht überlegt er sich sogar das eine oder andere Gegenargument. Jedenfalls geschieht in diesem Gespräch nicht, was der Zweck des Gesprächs sein sollte: dass sich der Mitarbeiter selbst in Bewegung setzt.

Schon in diesem Sachverhalt liegt ein Hinweis darauf, dass es einen besseren Weg geben muss, den Nutzen herauszustellen, als durch einen lebhaften und motivierten Vortrag der Führungskraft.

Das Geheimnis der Topverkäufer

Verkäufer und Führungskräfte haben eine ähnliche Aufgabe: Beide möchten den Gesprächspartner zu etwas bringen, beide möchten ihn bewegen, etwas zu tun. Im einen Fall ist das Ziel von A, dass B einen Vertrag unterschreibt; im anderen Fall ist das Ziel, dass B eine Idee umsetzt. Der Verkäufer verkauft Produkte, die Führungskraft Ideen.

Es gibt eine unveröffentlichte Untersuchung, die ich an der oben erwähnten Stelle ausführlich beschrieben habe (Fritzsche, 2016); ein amerikanisches Unternehmen, das seine Produkte nur im Direktvertrieb verkauft, hat den Unterschied zwischen den guten und den Topverkäufern erforscht. Im Direktvertrieb gibt es keine schlechten Verkäufer, da diese nicht länger als ein oder zwei Monate bleiben. Es gibt gute Verkäufer und immer noch einige wenige besonders gute Verkäufer. Diese Erfahrung habe ich bei all meinen Kunden aus diesem Arbeitsfeld gemacht, diese Erfahrung kennt jeder, der im Direktvertrieb arbeitet. Darum wollte das Unternehmen herausfinden, was solche Topverkäufer besser machten als die guten Verkäufer. Sie machten sich deshalb daran, 60 Verkäufer und 600 Verkaufsgespräche zu analysieren.

Ich mache es kurz: Es gab nur einen einzigen Unterschied. Dieser hat zu tun mit der Frage, die ich mir beim Betrachten des Videobands während des Zurückspulens gestellt hatte: Wer von beiden bewegt sich, wer nicht, wer spricht, wer hört zu?

Man hat herausgefunden, dass in den *guten Gesprächen* die Verkäufer selbst einen höheren Redeanteil hatten als die Kunden. Da die Verkäufer gut waren, haben sie ihren Kunden den Nutzen des Produkts erläutert, sie haben sich nicht lange mit Merkmalen aufgehalten und den Kunden nicht mit Informationen erschlagen. Dennoch waren sie es, die geredet haben, während die Kunden ihnen zuhörten.

Die häufigste Reaktion der Kunden nach diesen Gesprächen lautete: „Ich denke darüber nach und komme auf Sie zu." Eine Antwort, die ein Verkäufer im Direktvertrieb hasst.

In den *Topgesprächen* kam diese Antwort nicht. In den Topgesprächen unterschrieb der Kunde den Kaufvertrag. Sofort. Im Erstkontakt. Ohne spätere Stornierung. Der Verkäufer hatte ihn überzeugt, er hatte ihn nicht überrannt. Indem er *weniger* tat als sein Kollege; vor allem, indem er weniger sprach als sein Kollege!

In den Topgesprächen war es dem Verkäufer gelungen,
den Kunden durch geschickte Fragestellung dazu zu bringen,
selbst herauszufinden, worin sein persönlicher Nutzen lag,
wenn er das Produkt kaufen würde.

Er hat gefragt, hat dem Kunden zugehört, hat diesen sogar gelegentlich gebremst und seine Aussagen zum Produkt hinterfragt – und hat so den Kunden dazu gebracht, sich erst recht hinter das Produkt zu stellen. Danach hat der Kunde das Produkt ohne zu zögern gekauft!

Wie lässt sich das erklären?

Stellen Sie sich vor, Sie sind Kunde im ersten Gespräch. Der Verkäufer erzählt Ihnen überzeugend, welchen Nutzen Sie davon haben, das vorgestellte Produkt zu kaufen. Unterschreiben Sie automatisch den Kaufvertrag, wenn Sie denken, dass er recht hat? Viele Menschen zögern in diesem kritischen Moment. Bildhaft gesprochen sitzt in ihrem Hinterkopf ein kleiner Wächter. Dieser warnt: „Achtung! Das klingt alles gut – aber der andere ist ein Verkäufer, er will dich einwickeln!" Als Reaktion auf diese innere Stimme sagt der Mensch dann freundlich „Ich denke darüber nach ...". Damit möchte er sich selbst vor einer zu schnellen Handlung schützen. Wie fühlt sich der zweite Dialog für den Kunden an? Dieser Kunde beantwortet selbst die Fragen, die ihm der Verkäufer stellt. Er beantwortet, ob und wie ihm das Produkt nützen könnte. Gelegentlich bremst der Verkäufer sogar (zum Schein) und fragt, ob der Kunde sich wirklich sicher sei, ob der gerade herausgearbeitete Nutzen wirklich so bedeutend wäre. Der Kunde muss seine gerade formulierte Meinung verteidigen – und vertritt so automatisch die Vorteile des Produkts gegenüber dem Verkäufer. Dieser scheint sie offenbar nicht zu kennen ...

Wie wirkt diese veränderte Gesprächsstruktur auf den kleinen Wächter im Hinterkopf? Der hat auch hier zugehört. Doch hier bewertet er das Gespräch anders: „Das ist ein gutes Produkt! Ich selbst habe soeben die Vorteile entdeckt und benannt. Der Verkäufer hat damit nichts zu tun – der hat mir fast noch abgeraten, es zu kaufen, ich musste ihn erst überzeugen, dass ich recht habe!"

In diesem Fall verkauft sich der Kunde also das Produkt selbst – wenn es dem Verkäufer gelingt, die richtigen Fragen zu stellen.

Erkennen Sie die Verbindung dieser Erkenntnisse zur Rolle der Führungskraft? Würden Sie dem Mitarbeiter einen Vortrag halten über die Vorteile, die er hat, wenn er seine Aufgabe verlässlich erledigt, würden Sie strampeln und sich ins Zeug legen, damit er endlich seinen persönlichen Nutzen erkennt – es wäre zwar ein gutes, aber kein Spitzengespräch. Gut wäre es, weil Sie immerhin über den Nutzen reden. Noch nicht perfekt wäre es, weil Sie den inneren Wächter bei Ihrem Mitarbeiter aktiviert haben. Dieser sagt so etwas wie „Klingt plausibel, aber er ist mein Chef – er will mich halt dazu bringen, dass ich das so mache, wie er sich das vorstellt. Das Ganze ist seine Idee – nicht meine!"

Das ist der Unterschied zwischen Überreden und Überzeugen.

Erinnern Sie sich an die Übung von vorhin? Ich hatte Sie darum gebeten, fünf Minuten Dialog mit Ihrem Mitarbeiter zu imaginieren.

Waren Sie in Ihrer Fantasie derjenige, der gezielte Fragen stellte? War der Mitarbeiter der, der seinen persönlichen Nutzen nach und nach beschrieb, während Sie zuhörten? Wenn nicht, nehmen Sie sich noch einmal einen Moment Zeit dafür. Es ist nicht ganz einfach, sich umzustellen, und benötigt ein wenig Training. Doch es lohnt sich.

· ·

Übung

· ·

• Gehen Sie den Dialog mit Ihrem Mitarbeiter in Gedanken noch einmal durch; das Ziel ist weiterhin, ihm seinen Nutzen zu verdeutlichen, wenn er eine bestimmte Aufgabe künftig zuverlässig erledigt. Konzentrieren Sie sich vollständig auf die Dialogführung: Welche Fragen müssen Sie stellen, damit der Mitarbeiter von selbst herausfindet, was sein Nutzen ist?

· ·

 Profitipp

Es ist am Anfang nicht immer einfach, das auf sinnvolle Weise zu tun. Meistens liegt das Problem, wenn es nicht auf Anhieb klappt, in der „Schrittgröße", die Sie wählen. Wenn der Mitarbeiter auf eine Frage keine Antwort weiß, müssen Sie einen Zwischenschritt einschalten und ihm eine Brücke bauen, die vom ersten zum nächsten Gedanken führt.

S2: Trainieren

Wir haben Führungsstil S1 zusammen angeschaut und dann S3. Lassen Sie uns jetzt zu Führungsstil S2 kommen. Weshalb diese Reihenfolge? Erinnern Sie sich, dass das Modell des Situativen Führens nach einem kompensatorischen Prinzip vorgeht? Erinnern Sie sich, dass wir immer im ersten Schritt schauen, was dem Mitarbeiter fehlt, Engagement, Kompetenz, beides? Und dass wir uns im zweiten Schritt darum kümmern, das, was fehlt, zu liefern?

   Aus diesem Grund haben wir uns bei S1, als wir es mit dem „Anfänger", E1 also, zu tun hatten, dem die Kompetenz fehlte, damit beschäftigt, wie wir diese als Führungskraft beim Mitarbeiter aufbauen könnten. Aus dem gleichen Grund haben wir uns bei S3, als wir es mit einem kompetenten, aber leider nicht engagierten Mitarbeiter zu tun hatten, darum gekümmert, wie wir als Führungskraft das Engagement dieses Mitarbeiters fördern und entwickeln könnten.

Diese beiden Stile befassen sich jeweils mit einem Mitarbeiter, dem *eine* der beiden notwendigen Eigenschaften fehlt. Der Quadrant, dem wir uns jetzt zuwenden, beschreibt dagegen einen Mitarbeiter, dem *beide* Eigenschaften fehlen (Abb. 14). Entsprechend dem schon bekannten kompensatorischen Vorgehen müssen wir uns bei S2 um beide Aspekte kümmern: um das Engagement ebenso wie um die Kompetenz. Hersey und Blanchard haben das hier notwendige Führungsverhalten „Trainieren" genannt.

Abbildung 14:
Der Schwierige

Es genügt, wenn wir uns hier klarmachen, dass die Mitarbeiter des Entwicklungsstands zwei, E2 also, Unterstützung auf beiden Dimensionen benötigen: Die Führungskraft soll Kompetenz aufbauen (S1) und sie soll motivieren (S3). S2 ist ganz einfach die Kombination der beiden bisher besprochenen Führungsstile (Abb. 15). Schon sind wir mit diesem Kapitel fertig, oder?

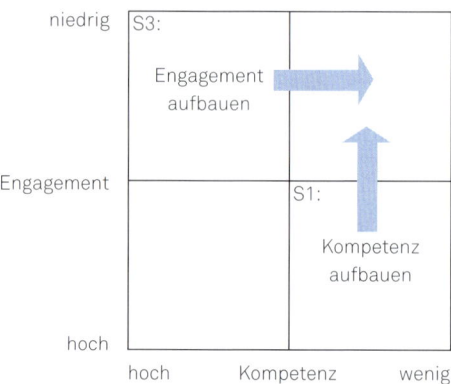

Abbildung 15:
Der E2 braucht beides

In der Theorie schon. Blanchard selbst geht nicht weiter als bis zu diesem Punkt: Für den E2-Mitarbeiter benötigen wir unterstützendes ebenso wie dirigierendes, also Kompetenz aufbauendes Verhalten.

Wenn wir den Ansatz in die Praxis übertragen, möchte ich Ihnen über Blanchard hinaus doch noch ein paar Hinweise geben, um Ihnen dabei zu helfen, auch mit einem E2-Mitarbeiter möglichst effektiv zu arbeiten. Die Schlüsselfrage lautet:

Henne oder Ei? Kompetenz oder Engagement?

Es ist im Führungsalltag normalerweise nicht sinnvoll, „fehlende Kompetenz, fehlendes Engagement" als zwei isolierte Phänomene zu betrachten und sie einzeln anzugehen. Vielmehr können wir uns zwei prinzipielle Arten von Kausalbeziehung vorstellen, die wenn nicht immer, so doch meistens bestehen. Es ist im Alltag hilfreich, davon auszugehen, dass eines der Probleme zuerst bestand – und dann das andere nach sich zog. Wir sollten also fragen, was zuerst da war, Henne oder Ei, Engagement oder Kompetenz (Abb. 16) – und unser Führungsverhalten daran orientieren.

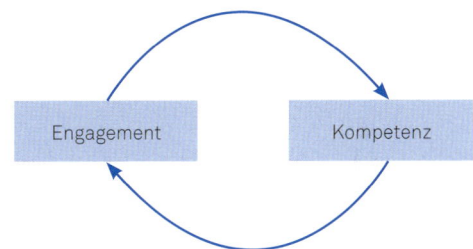

Abbildung 16: *Engagement oder Kompetenz?*

Fall 1: *Engagement* fehlt zuerst: In diesem Fall ist die Ursache-Wirkung-Beziehung so zu sehen, dass zuerst das Engagement für eine bestimmte Aufgabe fehlte, der Mitarbeiter also aus welchen Gründen auch immer keine Begeisterung empfand. Die fehlende Kompetenz ist dann als Folge des fehlenden Engagements zu verstehen: Wenn ich in einer Aufgabe keinen Sinn erkenne und deshalb keine Lust auf sie habe, dann werde ich mich auch nicht mit großer Begeisterung daran machen, sie gut zu erlernen, dann werde ich keine Perfektion bei der Ausübung dieser Tätigkeit anstreben. Mein fehlendes Engagement hat also zur fehlenden Kompetenz geführt.

Für die Führungskraft gilt in diesem Fall: Kümmern Sie sich zuerst darum, das fehlende Engagement des Mitarbeiters zu verbessern! Wenn Ihnen das gelingt, wird seine Motivation zum Aufbau der Kompetenz mit Sicherheit steigen. Sie müssen also für die zweite Dimension, in diesem Fall den Kompetenzerwerb, nur noch wenig zusätzlichen Aufwand investieren. Dem Mitarbeiter ist die Angelegenheit jetzt wichtig, er wird mit größerem Engagement daran arbeiten, sie auch gut umzusetzen.

Fall 2: *Kompetenz* fehlt zuerst: In diesem zweiten Fall verläuft die Ursache-Wirkung-Beziehung andersherum. Bei diesem Mitarbeiter fehlt es an der notwendigen Kompetenz, eine Aufgabe gut auszuführen – aus welchen Gründen auch immer. Weil ihm das bewusst ist, strengt er sich nicht an, die Sache, die er nicht gut beherrscht, macht ihm keinen Spaß. Sie sehen, hier verursacht die fehlende Kompetenz das fehlende Engagement.

Übertragen wir das Prinzip in den Alltag. Möglicherweise handelt es sich hier um eine Auswirkung des schon angesprochenen „Sprunges ins kalte Wasser!"-Führungsstils, der Mitarbeiter wurde mit der Aufgabe alleingelassen und fühlt sich überfordert. Vielleicht hat er auch bei einer Fortbildung gefehlt, war krank, und im weiteren Alltagsgeschäft ist untergegangen, dass Kompetenzlücken auszufüllen sind. Später hat er sich dazu nicht mehr geäußert, weil er, womöglich genau wie seine Führungskraft, der Meinung war, dass man ja „eigentlich" diese Aufgabe mittlerweile beherrschen müsste.

In dieser Situation geht es für die Führungskraft darum, zuerst die Kompetenz des Mitarbeiters in dem entsprechenden Aufgabenfeld anzuheben. Das bisher fehlende Engagement dürfte dann von alleine kommen: „Jetzt, wo ich das kann, macht es mir auch Spaß!" ist der dahinterliegende Mechanismus.

Generell gilt also bei Führungsstil S2: Die Führungskraft muss sich um zwei fehlende Dimensionen kümmern. Wenn sie das nicht im Blindflug tun möchte, sondern mit psychologischem Sachverstand an die Aufgabe herangeht, sollte sie sich fragen, was die Henne ist und was das Ei, was zuerst da war und was sich daraus ergeben hat: Kompetenzdefizit, oder Motivationsdefizit?

Übrigens, falls Sie die Frage nicht selbst beantworten können, Ihr Mitarbeiter weiß es bestimmt. Es geht dabei immerhin um sein Innenleben, und darüber gibt er, wenn Sie einen konstruktiven Dialog mit ihm führen, sicherlich bereitwillig Auskunft. Es geht nicht nur darum, dass er besser funktioniert, sprich, Sand aus der Maschinerie des Unternehmens entfernt wird, die Abläufe in der Abteilung der Führungskraft geschmiert und optimiert werden. Es geht auch darum, dass sich ein E2-Mitarbeiter maximal unwohl fühlt bei einer Aufgabe, die er weder richtig kann noch gerne macht. Wir erleben also auch und gerade beim S2-Führungsverhalten eine Win-win-Situation: Indem wir als Führungskraft das Problem des Mitarbeiters lösen, helfen wir ihm, uns und dem Unternehmen.

S4: Delegieren

Das Beste kommt zum Schluss: unser „Liebling", Entwicklungsstand E4, der „kann & will"-Kollege. Dieser Mitarbeiter verfügt über hohe Kompetenz und zeigt zugleich großes Engagement. Wenn nur alle so wären! Worauf müssen wir achten, wenn wir diese Person führen?

Unsere Bestrebungen bei den anderen drei Mitarbeitertypen, E1 bis E3, gingen jeweils dahin, diese Typen in Richtung E4 zu entwickeln. Je mehr E4-Mitarbeiter (Abb. 17) wir haben, desto besser ist unser Team, desto stärker ist die Leistung der Abteilung. Und je mehr Spitzenmitarbeiter wir führen, umso sicherer können wir uns fühlen, dass die Arbeit sogar ohne ständige Kontrolle funktioniert, dass es auch läuft, wenn wir im Urlaub sind oder vielleicht einmal krank.

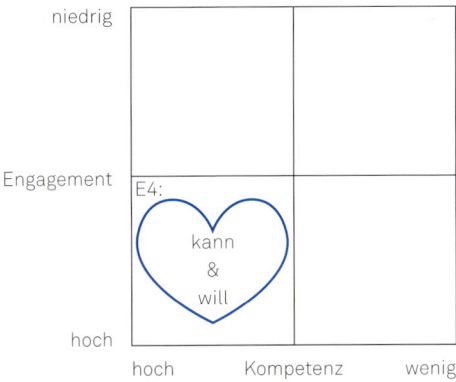

Abbildung 17:
Der Liebling

Wenn wir also zum Abschluss über den Mitarbeitertyp nachdenken, der in unserem kleinen Modell den höchsten Entwicklungsstand erreicht hat, geht es um zwei Fragen: Erstens, welches Führungsverhalten passt zu diesem Mitarbeiter? Zweitens, was kann ich tun, um ihn zu halten? Er ist ja schließlich kostbar!

MbO, MbE ...

Zur ersten Frage, welches Führungsverhalten passt zum Entwicklungsstand E4, finden wir als Antwort ein ganzes Sortiment sogenannter Managementmethoden. Zwei davon möchte ich hier schildern. Sie heißen MbO und MbE, Management by Objectives und Management by Exception.

MbO, Führen durch Zielvereinbarung, ist eine besonders häufig verwendete Methode. Sie wird nicht nur bei E4-Mitarbeitern angewendet, sondern stellt häufig ein Prinzip dar, nach dem das ganze Unternehmen geführt wird. Alle nur vorstellbaren Dimensionen der Arbeit werden in möglichst messbare Ziele übersetzt. Diese Ziele werden dann im ganzen Unternehmen hierarchisch von oben nach unten verordnet oder abgestimmt. Einfach messbare Ziele wie der Gesamtumsatz im Folgejahr werden auf Vorstandsebene für das ganze Unternehmen definiert. Danach werden sie aufgeschlüsselt, zum einen bis ganz nach unten in der Pyramide, zum anderen dann auch noch in der Zeit. Das bedeutet, wenn der Gesamtumsatz für das Folgejahr definiert wurde, spricht der Vorstand mit seinen Geschäftsführern, und es werden für jeden Geschäftsführer einzeln dessen Umsatzziele vereinbart. Jeder von ihnen spricht im nächsten Schritt mit all seinen Abteilungsleitern die Ziele ab, die Abteilungsleiter wiederum stimmen sich dann mit den ihnen unterstellten Führungskräften ab, bis ganz nach unten in der Pyramide.

Im nächsten Schritt wird für jeden Einzelnen gemeinsam mit der zugehörigen Führungskraft der persönliche Jahresumsatz auf die einzelnen Monate heruntergebrochen, dann auf die Wochen und in manchen Geschäftsfeldern auch auf jeden einzelnen Tag – je nachdem, um welche Art von Unternehmen es sich handelt.

Dieses Vorgehen wird nicht nur mit dem Umsatz, sondern auch mit allen weiteren messbaren Zielen praktiziert. Auch weiche Ziele werden, so gut es geht, messbar gemacht, zum Beispiel könnte „Kundenfreundlichkeit" übersetzt werden in „Anzahl der Beschwerden, die bei uns eintreffen". Jede Führungskraft, und oft auch jeder Mitarbeiter, hat für den jeweiligen eigenen Verantwortungsbereich dann die entsprechende Sammlung von Zielen, die er beachten muss. Das Ganze ergibt natürlich nur Sinn, wenn man diese Ziele nicht erst am Ende des Jahres nachmisst, sondern schon in kurzen Abständen. Wenn ich weiß, wie hoch die Anzahl der Beschwerden in meinem Bereich bis zum Jahreswechsel maximal sein darf, dann kann ich das auf Wochen oder Tage herunter- rechnen. Ich weiß also genau, wie viele Beschwerden ich heute haben darf oder bis Ende der Woche, und kann die Zahl, die ich erreiche, vergleichen mit der Zahl, die ich höchstens erreichen darf.

Ein Vorteil dieser Methode ist sofort ersichtlich: Ich werde von den Entwicklungen nicht überrascht, sondern habe wie ein Pilot im Cockpit eine Reihe von wichtigen Zahlen ständig im Blick, ich kann rasch nachjustieren, wenn eine Zahl aus dem Ruder läuft. Ein weiterer Vorteil liegt darin, dass jeder Mitarbeiter zu jeder Zeit genau weiß, was von ihm gefordert wird und wie gut er die Erwartungen erfüllt. Dieses schnelle Feedback über die eigene Leistung wirkt häufig sehr motivierend, gerade auch bei Menschen, für die Leistung und Erfolg wichtige Werte darstellen (Csikszentmihalyi, 2012).

Damit das Prinzip des MbO wirkungsvoll funktioniert, ist es wichtig, dass die Führungskräfte mit ihren jeweiligen Mitarbeitern die Ziele tatsächlich vereinbaren. Ein Fehler, der häufig gemacht wird, ist, dass die Ziele nicht vereinbart, sondern vorgegeben werden. Stellen Sie sich vor, wie engagiert Sie ein Ziel anstreben, welches Sie selbst für realistisch und attraktiv halten, verglichen mit dem Engagement für ein Ziel, welches Ihnen Ihr Chef aufs Auge gedrückt hat!

Das führt uns zu den Nachteilen der Methode. Zum einen erfordert sie einen hohen bürokratischen Aufwand, weil von oben nach unten jeder mit jedem die Ziele durchspricht, und zwar in regelmäßigen Abständen. Weiter kann MbO je nach Art der Umsetzung auch zu unflexibel sein, falls man zu starr an den Zielen, die man sich vor einiger Zeit gesetzt hat, festhält. Hier ist ein gutes Gefühl für die passende Balance gefragt: Verändere ich meine Ziele beim geringsten Widerstand und passe sie nach unten an, wirken sie nicht motivierend und sind bloße Papiertiger. Halte ich zu starr an einem Ziel fest, wenn die Welt draußen sich schon deutlich verändert hat und jeder sieht, dass es beim heutigen Stand der Dinge nicht mehr realistisch ist, geht dies ebenfalls zulasten der Motivation, da ich selbst nicht mehr an das Erreichen des Ziels glaube.

MbE, Führen im Ausnahmefall, möchte diese Nachteile vermeiden. Hier werden ebenfalls Ziele vereinbart, es finden jedoch keine regelmäßigen Kontrollen und Besprechungen zum Thema „Zielerreichung" statt. Die Mitarbeiter haben freiere Hand, sie befinden sich an einer längeren Leine. Führungskraft und Mitarbeiter treffen nur dann aufeinander, wenn unvorhergesehene Probleme auftreten. In diesem Fall wird das Gespräch gesucht, um gemeinsam zu entscheiden, wie man mit den Problemen umgehen möchte.

Die Vorteile liegen auf der Hand: Man spart Zeit, und die Freiräume sind aus Mitarbeitersicht entsprechend größer. Das kann motivierend wirken, muss es aber nicht – wir haben schon weiter oben gesehen, dass Motivation sehr stark von der Wertestruktur der einzelnen Person abhängig ist. Wer als Mitarbeiter Freiräume mag, wird diese Methode genießen, wer gerne mehr Sicherheit hätte, wird mit MbE tendenziell eher in Stress kommen. Wer als Führungskraft die Fähigkeit hat, seinen guten Mitarbeitern zu vertrauen, wird MbE als Prinzip sehr schätzen, wer sich dagegen schwer damit tut, zu vertrauen und zu delegieren, wird bei MbE Angst vor zu großem Kontrollverlust verspüren.

Klare Nachteile dieser Methode sind: Probleme werden manchmal erst spät oder zu spät erkannt. Positiv formuliert, muss die Kommunikation zwischen Führungskraft und Mitarbeiter sehr gut funktionieren, sodass im Notfall ohne jede Verzögerung die entsprechenden Maßnahmen ergriffen werden können. Ein anderer Kritikpunkt zielt darauf ab, dass man sich bei dieser Methode immer nur dann trifft, wenn Probleme vorliegen. Es wird befürchtet, dass sich dieser Sachverhalt negativ auf die Stimmung auswirken könnte. Mitarbeiter wie Führungskräfte könnten den Trugschluss ziehen, dass es eine Menge Probleme geben müsse, da man ja bei jedem Treffen über Probleme rede.

Wenn Sie an unsere verschiedenen Mitarbeitertypen mit den unterschiedlichen Entwicklungsständen denken, werden Sie sofort erkennen: Führung im Ausnahmefall passt besonders gut zu unserem E4-Mitarbeiter. Er ist kompetent und engagiert, er kann mit der langen Leine im Regelfall gut umgehen.

In meinen Seminaren lasse ich Führungskräfte im ersten Seminarbaustein ihre Mitarbeiter gezielt nach E1 bis E4 einschätzen. Danach kommt es oft vor, dass sie auf ihre E4-Mitarbeiter zugehen und diese offen mit ihrer Einschätzung konfrontieren. Dann bieten sie dem Mitarbeiter als Konsequenz an: „Ich habe mir überlegt, dass Sie so gut sind, dass ich Ihnen ab heute eine viel längere Leine zugestehen könnte – wie würden Sie das finden?"

Im zweiten Seminarbaustein einige Wochen später berichten diese Führungskräfte oft, dass die entsprechenden Mitarbeiter begeistert oder gerührt auf diesen Vertrauensbeweis reagiert hätten – insbesondere dann, wenn die Führungskräfte vor dem Seminar all ihre Mitarbeiter ähnlich führten und eher wenig delegierten.

Gute Leute halten

Wenn wir über E4-Mitarbeiter nachdenken, berühren wir immer auch die Frage, wie es uns gelingen kann, die guten Mitarbeiter dauerhaft zu binden

Im Kapitel „Gegen alle Regeln ..." gehen wir ausführlich auf diese Frage ein (S. 147 ff). Eine erste, kurze Antwort haben wir bereits im letzten Absatz bekommen: Wenn wir gute Mitarbeiter haben, dann sollten wir sie auch so behandeln, dann sollten wir sie deutlich merken lassen, was wir (Positives) von ihnen halten!

Das ist nicht selbstverständlich. Erstens fällt es vielen Führungskräften schwer, zu delegieren. Zweitens kursiert in praktisch allen deutschen Unternehmen, für die ich bisher tätig war, der Spruch „Nichts gesagt ist genug gelobt". Er beschreibt die merkwürdige Scheu einer großen Zahl von Führungskräften, ihren Mitarbeitern regelmäßig die gebührende Anerkennung auszusprechen.

Wie wir oben bei der Zwei-Faktoren-Theorie gesehen haben, sind Lob und Anerkennung die am stärksten wirksamen Motivatoren für Arbeitszufriedenheit. Welches Argument auch immer verwendet wird, um am Lob zu sparen – es ist ein falsches Argument! Günstiger, einfacher und wirkungsvoller können Sie Ihre guten Leute nicht binden! Lob – qualifiziertes Lob – zu unterlassen, ist daher für eine Führungskraft grob fahrlässig.

Qualifiziertes Lob ist Lob mit Substanz. „Meier, Sie sind wirklich ein guter Mitarbeiter" klingt nett, ist aber blutarm, und „Meier" vermutet bei diesem Satz im Allgemeinen, dass danach ein Komma und ein „... aber" folgen. Er hat in den meisten Fällen recht. Wenn wir stattdessen ernsthaft und qualifiziert über unseren „Mitarbeiter

Meier" nachdenken, könnten wir ihm ein Lob der folgenden Kategorie aussprechen: „Meier, Sie sind ein guter, zuverlässiger Mitarbeiter. Sie haben mich noch nie hängen lassen, und was immer Sie auch abliefern, es hat Hand und Fuß. Ich könnte mir keinen besseren Stellvertreter vorstellen als Sie!" Dieses Lob hat Substanz und kommt bei „Meier" ganz sicher an.

Übrigens können Sie nach diesem Lob eventuelle Kritik wirkungsvoller anbringen, denn Meier wird wahrnehmen, dass Sie sich über alle seine Eigenschaften und Fähigkeiten Gedanken gemacht haben, über seine guten und seine weniger guten. Deshalb wird er nach einem qualifizierten Lob Ihre Kritik offener aufnehmen.

 Profitipp

Tilgen Sie das Wort „... aber" aus Ihrem Wortschatz! „Sie sind ein guter Mitarbeiter, aber ..." löscht automatisch alles, was vor dem Komma steht. Niemand hört den netten Teil, wenn er nur die leere Floskel ist, mit der Kritik eingeleitet werden soll! Da man niemals sagen soll, was man nicht mehr tut, sondern immer fokussieren soll auf das, was man stattdessen tun möchte, hier mein Tipp: Füllen Sie überall dort, wo Sie zuvor „... aber" gesagt hätten, die Worte „... und deshalb" ein. Sie werden verblüfft sein über die neuen Ebenen der differenzierten, lösungsorientierten Gesprächsführung:

„Sie sind ein guter Mitarbeiter, und deshalb glaube ich, dass Sie diese Aufgabe noch besser hinbekommen" ist nur eine von vielen Stationen, die sich mit dieser neuen „Weiche" plötzlich ansteuern lassen.

Zurück zum Lob im Allgemeinen: Es ist ein starker Motivator, und Sie sind gut beraten, es häufig einzusetzen. Im Übrigen tun Sie gut daran, auch die weiteren Motivatoren aus Herzbergs Modell im Blick zu behalten. Dies sind die Punkte, die regelmäßig über Arbeitszufriedenheit entscheiden. Gerade wenn Sie nicht jedem starken E4-Mitarbeiter mehr Geld oder die nächste Karrierestufe anbieten können, ist es wichtig, dass die anderen Kategorien vollumfänglich erfüllt sind.

Was hält uns ab?

Es kann nichts Schöneres geben, als Arbeit abzugeben – oder nicht? Ich weiß nicht, wie Sie geantwortet haben, doch wenn Sie Führungskraft sind, kommen Sie um die Herausforderung des Delegierens nicht herum. Je höher Sie auf der Karriereleiter nach oben klettern, umso mehr wird man von Ihnen erwarten, dass Sie Aufgaben delegieren. Man erwartet, dass Sie manches nicht mehr selbst abarbeiten, sondern dass Sie zu delegierende Arbeit zunächst anweisen und sie später kontrollieren. Dies wird mehr und mehr zu Ihrer Arbeit, dafür werden Sie dann bezahlt.

Dennoch fällt es vielen Menschen sehr schwer, nach und nach aufzuhören, alles selbst zu tun. Welche Gründe haben sie dafür?

Ein Grund lautet: Gewohnheit. Wenn ich eine Arbeit über viele Jahre selbst gemacht habe, bin ich es ganz einfach gewöhnt, sie zu erledigen; ich denke mir nichts dabei, mir eine Aufgabe zu schnappen und sie umzusetzen. Was kann ich hier tun? Konzentration hilft, ähnlich wie in dem Beispiel weiter oben: Wenn wir umgezogen sind, müssen wir uns manchmal an den neuen Heimweg, an die andere Autobahnausfahrt erst gewöhnen. So ist es auch mit der Gewohnheit, alles eben mal rasch selbst zu erledigen – es ist die falsche Ausfahrt, und wenn wir uns gut genug konzentrieren, können wir die Gewohnheit, dort abzufahren, verändern.

Ein anderer, sehr häufiger Grund lautet: Nur wenn ich etwas selbst mache, weiß ich, dass es richtig gemacht wird. Tatsächlich werden ja meistens die Leute befördert, die in ihrem Aufgabenbereich besonders gut sind, die ihre Aufgabe lange Zeit sehr gut erledigt haben[1]. Jetzt sind sie Führungskraft und sollen zuschauen, wie jemand anderes diese Aufgabe erledigt; womöglich nicht so gut wie selbst. Das ist für den einen oder anderen schwierig. Besonders, wenn er zum Perfektionismus neigt.

Dennoch darf das kein Grund sein, alles weiterhin selbst zu machen. Wenn man der Meinung ist, der Mitarbeiter mache die Sache noch nicht gut genug, sollte man die bisherigen Überlegungen beherzigen und sich zunächst wieder fragen: „Will er nicht, oder kann

---

1 Ob das klug ist, ist eine Frage, die ich hier nicht ausführlich besprechen möchte – überlegen Sie einmal, ob die Qualifikation „Ich bin der beste Finanzbuchhalter, keiner kann schneller und fehlerfreier Zahlen addieren als ich" mich dazu befähigen würde, künftig alle meine Finanzbuchhalterkollegen zu führen. „Ich bin der beste Metzger – ich kann gut tote Tiere zerlegen und Schnitzel sauber schneiden. Auch bin ich schnell darin, schneller als die anderen." Ich bin deshalb in einer Metzgerei nicht automatisch ein guter Chef von sieben verschiedenen, lebendigen Fleischereifachverkäuferinnen ...

er nicht?" Je nach Einschätzung hat dann die entsprechende Maßnahme zu erfolgen; man fördert die Kompetenz, das Engagement oder beides.

Apropos Perfektionismus: Der italienische Wirtschaftswissenschaftler Vilfredo Pareto hat zu diesem Thema eine provokante Behauptung aufgestellt (Koch, 2015): Er sagt, dass 80 Prozent der Ergebnisse bereits in 20 Prozent der aufgewendeten Zeit erreicht werden; für die übrigen 20 Prozent der Ergebnisse würden dagegen die übrigen 80 Prozent der Zeit eingesetzt. Anders gesagt: Die letzten Prozente kosten den größten Aufwand! Perfektionismus ist sehr teuer!

Auch wenn dieses Prinzip manchmal etwas zu häufig zitiert wird und man es nicht in allen Feldern anwenden sollte (Konstruktion eines Flugzeugs, Erstellen einer Bilanz ...), kann es doch für die Perfektionisten unter uns als wichtiger Hinweis dienen. Wir haben die Chance, früher nach Hause zu kommen, wenn wir uns nach diesem alten Italiener richten.

Warum trotzdem?

Wenn dem Delegieren so viele Hürden im Weg stehen – weshalb ist es dennoch so wichtig? Zunächst, wie gesagt, wird man als Führungskraft dafür bezahlt, Arbeit zu verteilen und zu überwachen. Das alleine ist ein eher technisches Argument. Es gibt noch ein zweites, viel stärker inhaltliches Argument.

Lassen Sie uns einen Ausflug in den Bereich des Zeitmanagements machen. Auch dort gibt es verschiedene Vier-Felder-Grafiken, so wie beim Situativen Führen für die vier Mitarbeitertypen und für die vier dazu passenden Verhaltensweisen der Führungskraft. Diese bekamen wir, indem wir die beiden Dimensionen „kompetent / nicht kompetent" und „engagiert / nicht engagiert" miteinander kombinierten.

Ein vergleichbares „Fensterschema" finden Sie in jedem Buch zum Zeitmanagement. Die Dimensionen lauten dort „wichtig / nicht wichtig" und „dringend / nicht dringend". Durch die Kombination der Möglichkeiten entstehen auch hier vier Felder. In den meisten Fällen wird dabei auf das Eisenhower-Prinzip Bezug genommen (Seiwert, 2014)

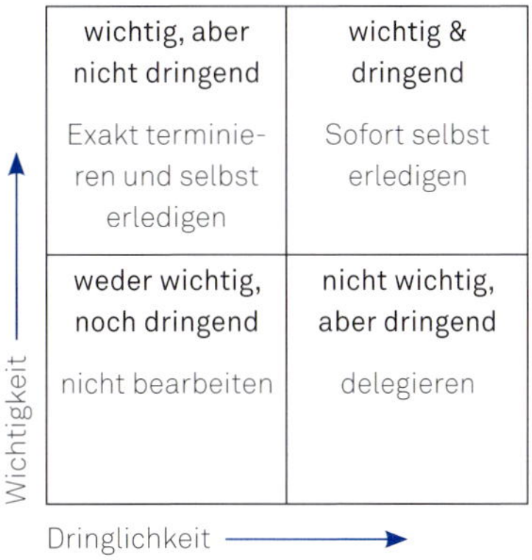

wichtig, aber nicht dringend	wichtig & dringend
Exakt terminieren und selbst erledigen	Sofort selbst erledigen
weder wichtig, noch dringend	nicht wichtig, aber dringend
nicht bearbeiten	delegieren

Wichtigkeit ↑   Dringlichkeit →

Abbildung 18:
Das Eisenhower-Prinzip

Grundsätzlich ist für jeden Menschen, der sich in der modernen Berufswelt bewegt, die Unterscheidung zwischen „wichtig" und „dringend" eine wesentliche Orientierungshilfe (Abb. 18). Ob wir es Zeit- oder Selbstmanagement nennen, in jedem Fall lassen sich aus dieser Unterscheidung Schlussfolgerungen ziehen, die dazu dienen, Stress nach Möglichkeit zu reduzieren. Beachten wir den Unterschied nicht, laufen wir Gefahr, zwei unnötige Fehler zu begehen.

Erstens machen sich viele Menschen gar nicht deutlich genug klar, was für sie überhaupt wichtig ist. Indem sie das Wichtige gar nicht präzise definieren, werden sie fast zwangsläufig in die Falle laufen: Sie erledigen die dringend erscheinenden Aufgaben zuerst, bevor sie sich um die wichtigen kümmern.

Das fühlt sich richtig an, ist es aber nicht. „Dringend, das heißt doch, dass ich es sofort erledigen sollte!" ist ein Denkfehler, denn in der gleichen Zeit bleiben die wichtigen Dinge liegen. Spätestens wenn der Mensch dann abends auf seinen Tag zurückschaut und erkennt, dass er etwas wirklich Wichtiges nicht getan hat, merkt er, dass etwas falsch gelaufen ist.

Der zweite Fehler entsteht also direkt aus dem ersten: Wer nicht weiß, was wichtig ist, wird sich auf das konzentrieren, was dringend ist.

Wie genau bekomme ich nun heraus, was für mich wichtig ist? Im ersten Schritt mache ich mir meine Ziele klar, beruflich wie auch privat. Dies mache ich nicht am Morgen auf dem Weg zur Arbeit, dies erledige ich vielmehr in Ruhe, mit genügend Zeit und möglichst ungestört. Es geht nämlich im ersten Schritt nicht nur um die Ziele für heu-

te oder für die kommende Woche, es geht zunächst um meine langfristigen Ziele; damit ist meistens ein Zeitraum von drei bis fünf Jahren
gemeint. Im zweiten Schritt leite ich aus den langfristigen Zielen mit-
telfristige und erst daraus kurzfristige Ziele ab.

Ab jetzt bin ich gerüstet, ab jetzt kann ich jede Aufgabe, die im Lauf
des Tages auf mich zukommt, mit meinen Zielen abgleichen: Nur die
Aufgaben, die mir beim Erreichen meiner eigenen, persönlichen Ziele
hilfreich sind, stufe ich von jetzt ab als „wichtig" ein.

Nach dieser Klärung betrachten wir die vier Felder des Eisenho-
wer-Fensters. Wir finden dort wertvolle Hinweise zum Thema „Delegieren". Kurz gesagt, erledigen wir nach diesem Modell alles, was
nicht wichtig ist, nicht mehr selbst: Die Dinge, die weder wichtig noch
dringend sind, gehören direkt in den Papierkorb; die Dinge, die zwar
dringend sind, aber für uns selbst nicht wichtig, sollten wir nach Möglichkeit delegieren. Somit ist sichergestellt, dass wir uns den ganzen
Tag nur mit den wirklich wichtigen Dingen beschäftigen. Um die dringenden, aber für uns selbst nicht wichtigen Aufgaben sollen sich in
Zukunft andere kümmern.

Lassen Sie mich diese Gedanken ergänzen durch einige wertvolle
Hinweise, die Stephen Covey zum gleichen Vier-Felder-Schema gegeben hat (Covey et al., 2014). Während innerhalb des Eisenhower-
Prinzips besonders auf die beiden Felder mit den nicht wichtigen An-
gelegenheiten verwiesen wird, erläutert Covey einen Zusammenhang
der beiden Felder, die sich mit den wichtigen Aufgaben befassen. Sie
sehen in der Abbildung 19, dass Covey für alle Quadranten Namen
und Beispiele verwendet. Er hat außerdem, um seine Gedanken zu
veranschaulichen, alle vier Felder beispielhaft mit typischen Inhalten
gefüllt.

Schon die Namen sind aufschlussreich: Wo bei „Eisenhower" der
Papierkorb abgebildet ist, finden wir bei Covey den Begriff „Ver-
schwendung!". Wenn wir Dinge tun, die weder wichtig noch dringend
sind, dann verschwenden wir unsere Zeit. Wo im Eisenhower-Prinzip
„Delegation" steht, gibt uns Covey den Hinweis „Täuschung!" – damit
signalisiert er, dass viele Menschen die Dringlichkeit einer Aufgabe
mit ihrer Wichtigkeit verwechseln, sich also täuschen lassen. Darauf
habe ich oben schon hingewiesen.

Schauen wir auf die beiden anderen Quadranten. Wichtig und dringend bekommt die Bezeichnung „Notwendigkeit!" Das ist nachvoll-

ziehbar, denn alles, was dort steht, *muss* getan werden – hier haben wir keine andere Wahl.

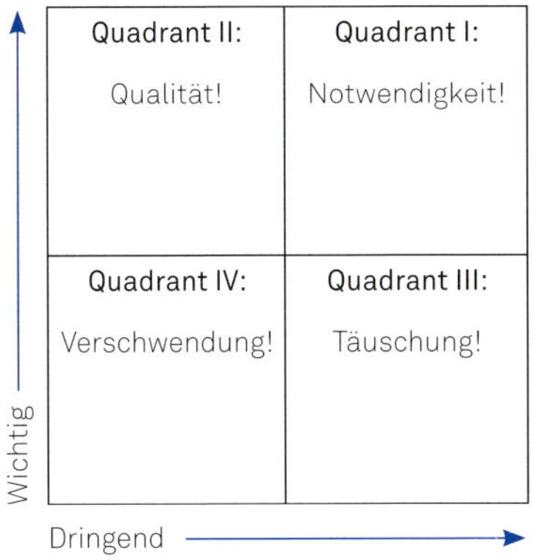

Quadrant II:	Quadrant I:
Qualität!	Notwendigkeit!
Quadrant IV:	Quadrant III:
Verschwendung!	Täuschung!

Wichtig (vertical axis) **Dringend** (horizontal axis) ⟶

Abbildung 19: *Das Covey-Modell*

An dieser Stelle geht Coveys Ansatz über den vorherigen hinaus. Er unterstreicht, dass wir, wenn wir uns in Quadrant I, dem Quadranten der „Notwendigkeit!", befinden, stärker als in den anderen Quadranten im Stress sind; hier sind wir Getriebene, hier *müssen* wir, ob wir nun wollen oder nicht. Bei den Aufgaben in Quadrant I ist sozusagen „Gefahr im Verzug".

Vergleichen wir damit Quadrant II. Hier eilt es nicht, diese Aufgaben sind nicht dringend, die können wir auch morgen noch erledigen. Doch auch Quadrant II ist wichtig, hier schlummern die Aufgaben, die uns helfen, die Qualität dessen, was wir tun, zu verbessern! Nun gut, wir können uns ja, wie gesagt, ab morgen um diese Punkte kümmern – wenn nichts Dringendes und Wichtiges mehr ansteht, wenn Quadrant I „leer" ist.

So einfach ist es nicht immer. Im schlimmsten Fall kommen in Quadrant I täglich neue wichtige und dringende Aufgaben, sodass wir praktisch nie dazu kommen, die Aufgaben aus Quadrant II zu erledigen. Nicht schlimm? Immerhin haben wir ja die wichtigen und dringenden Dinge jeweils im Griff? Jein ... – Covey weist darauf hin, dass Quadrant I und Quadrant II zusammenhängen, das Volumen des einen wächst oder schrumpft immer in Wechselwirkung zum Volumen des anderen.

Konkret: Befinden wir uns häufig in Quadrant I, *müssen* also handeln, weil so viele Dinge dringend und wichtig zugleich sind, haben wir dadurch weniger Zeit oder gar keine Zeit für alles andere, nicht einmal für die Aufgaben aus Quadrant II, so stellt das durchaus ein Problem dar. „Alles andere" beschreibt ja nicht einen unbedeutenden Rest; in Quadrant II liegen viele Aufgaben und Ziele, die für die Qualität unserer Arbeit wichtig sind – so heißt er ja auch: „Qualität!". Arbeiten wir häufig unter Druck, also in Quadrant I, haben wir wenig Zeit übrig für die Aufgaben aus Quadrant II. Covey weist darauf hin, dass wir uns so in einen Teufelskreis hineinbewegen. Was ich geschafft hätte mit genug Zeit, sind so relevante Dinge wie zum Beispiel mich fachlich weiterbilden, Mitarbeitergespräche führen, meine Mitarbeiter weiterentwickeln, ein Seminar besuchen, ein Fachbuch lesen usw.

Nichts davon ist so dringend, dass wir es sofort erledigen müssten. Indem wir solche Dinge regelmäßig verschieben, bewirken wir jedoch, dass die Aufgaben aus Quadrant I sich anhäufen: Hätte ich meine Mitarbeiter besser fit gemacht, wären einige Probleme, um die ich mich heute hektisch selbst kümmern *muss*, gar nicht aufgetaucht. Hätte ich eine bestimmte Fortbildung besucht, hätte ich vielleicht andere Dinge qualitativ besser erledigen und mir späteren (dringenden und wichtigen) Ärger mit der Revision komplett ersparen können. Und so weiter.

Kurz: Kümmere ich mich wenig um Qualitätsaufgaben, weil diese nicht so dringend sind, werde ich mehr und mehr von Notwendigkeitsaufgaben beansprucht und gestresst – was wieder dazu führt, dass mir immer weniger Zeit für die Qualitätsaufgaben bleibt; dies ist der Teufelskreis. Diesen sollte ich umdrehen, ich sollte einen „Engelskreis" erzeugen: Ich sollte stattdessen so oft ich kann bewusst Zeit für die Qualitätsthemen einplanen; dann werde ich weniger häufig „Feuerwehr" spielen müssen, weil es wieder mal irgendwo brennt.

Herausforderung Rückdelegation

Wenn wir über Delegation reden, sollten wir auch einen Blick auf das Thema „Rückdelegation" werfen. Wir müssen damit zwar nicht unbedingt bei einem E4-Mitarbeiter rechnen – dieser ist bekanntlich kompetent *und* engagiert. Aber als Führungskraft delegieren wir Aufgaben auch an durchaus kompetente Mitarbeiter, die womöglich aber keine Lust dazu haben (E3) und eine Rückdelegation probieren.

Lassen Sie uns zunächst eine Rückdelegation aus nachvollziehbarem Grund anschauen: Der Mitarbeiter soll eine Aufgabe übernehmen, doch er antwortet mit dem Hinweis, dass er dafür keine Zeit habe. Solche Hinweise sollten Führungskräfte ernst nehmen – viel zu oft sind in meinen Seminaren Menschen, die fast zusammenbrechen unter der Last ihrer Aufgaben, weil sich ihre Führungskräfte über solche Aussagen hinwegsetzen.

„Ich habe keine Zeit dafür" bzw. „Wann soll ich das denn noch machen?" sind Hinweise, die im ersten Schritt ernsthaft zu prüfen sind. Einige Fragen, die Sie sich als Führungskraft zunächst selbst stellen sollten: „Kann es sein, dass der Mitarbeiter recht hat?" „Gehört die Aufgabe zu seinem Aufgabenbereich?" „Wer könnte sie noch erledigen?" „Hat jemand anderes eventuell gerade weniger zu tun als er, sollte ich die Aufgabe also diesem anderen geben?"

Gerade die letzte Frage ist sehr wichtig, denn ein anderer, ebenfalls typischer Führungsfehler ist dieser: „Ich führe Maier, Müller, Lehmann und Schulze; Schulze ist der Beste, die anderen fallen deutlich ab; wenn ich eine Aufgabe an Schulze delegiere, weiß ich, dass sie erledigt wird, und zwar gut; also gebe ich sie ihm." Klingt sinnvoll, ist aber in der Summe nicht nützlich: Mein bester Mann wird belastet, die weniger guten Leute werden entlastet.

Wenn „noch eine Aufgabe" als etwas Negatives gesehen wird, wird Schulze für seine Kompetenz bestraft, während die anderen drei für ihre fehlende Kompetenz gewissermaßen belohnt werden. Das kann nicht klug sein, weder aus Gründen der Motivation noch aus Gründen der „Moral" im Team. Es ist auch nicht klug auf die lange Sicht, denn es wird sich bei diesem Verhalten nichts ändern: Schulze bleibt schlau, die anderen bleiben hinter ihm zurück. Schlimmstenfalls bricht Schulze irgendwann zusammen, und dann stehe ich da mit dem halbfertigen Rest der Mannschaft.

Die Führungsaufgabe ist natürlich, Maier, Müller und Lehmann rasch genauso fit zu machen wie Schulze, damit ich die Aufgaben gleich verteilen kann. Wie das während der normalen Arbeitszeit nach und nach geleistet werden kann, lesen Sie im Kapitel zum Thema „Coaching"!

Ein anderer Führungsfehler im Zusammenhang mit „zu wenig Zeit" besteht darin, dass es Führungskräfte gibt, die ihren Mitarbeitern 150 Prozent aufbürden und auf die berechtigte Frage, welche

Aufgabe besonders wichtig sei, „alles ist wichtig" antworten. Natürlich kann ein kompetenter Mitarbeiter dann selbst priorisieren, es bleibt ihm letztlich gar nichts anderes übrig. Dennoch erzeugt die so hervorgerufene Unklarheit bei den Mitarbeitern unnötigen Stress.

Führungskräfte sollten versuchen, so stressarm wie möglich zu führen – dazu gehört, nicht mehr zu verteilen, als für den Einzelnen machbar ist, dazu gehört auch, wenn nötig klare Ansagen zu machen, was am wichtigsten ist. Beides sollte übrigens auch im eigenen Interesse selbstverständlich sein, man will ja nicht, dass Aufgabe 14 nicht erledigt ist, wenn man sie unbedingt braucht, weil der Mitarbeiter für sich entschieden hat, dass er Aufgabe 13 und Aufgabe 15 zuerst erledigt.

Rückdelegationen laufen aber nicht immer über das Argument „keine Zeit". Manchmal wird von pfiffigen Mitarbeitern ein Hauch von Hilflosigkeit ins Spiel gebracht: So wie die Führungskräfte ihre Leute kennen, kennen diese auch ihre Chefs – sie wissen genau, wo diese zu packen sind. Gerade (allzu) hilfsbereite Führungskräfte haben hier ein lohnenswertes Trainingsfeld, denn Hilfsbereitschaft lässt sich nicht nur privat oder zwischen Kollegen ausnutzen, sondern auch beim eigenen Chef. Man sollte deshalb über diese sensible Stelle ruhig ein wenig Hornhaut wachsen lassen.

Betrachten wir unterschiedliche Formulierungen der präsentierten Hilflosigkeit: „Das habe ich noch nie gemacht ...", „Wie soll das gehen ...?", „Da fällt mir gerade nichts ein ..." – wirkungsvolle Sätze, besonders wenn sie mit einem ratlosen oder hilflosen Gesichtsausdruck verbunden sind. Bei manchen Führungskräften genügt schon der entsprechende Gesichtsausdruck, um ihr „Helfer-Ich" zu aktivieren.

Wenn unsere Diagnostik in Ordnung ist und wir hier einen Mitarbeiter vor uns haben, der zwar „kann, aber gerade nicht will", ist die Hilflosigkeit nur gespielt, ein Zeichen von Bequemlichkeit. Diesem Verhalten liegt das Prinzip zugrunde, „Wenn ich mich tot stelle, wird mich der Tiger schon nicht fressen"; ins Arbeitsleben übersetzt: „Wenn ich mich blöd stelle, wird der Chef die Aufgabe schon einem anderen aufhalsen (oder sie gleich selbst erledigen)."

Diese Mitarbeiter haben die Hilfsbereitschaft ihres Chefs als dessen Achillesferse identifiziert – sie fahren so lange gut damit, wie die Führungskraft das Spiel mitspielt.

„Das habe ich noch nie gemacht" soll verstanden werden als „... und deshalb kann ich es nicht und jemand anderes sollte sich darum kümmern". Wie können wir mit diesem Versuch, sich Arbeit vom Hals zu halten, umgehen? In einem Bild, das ich hilfreich finde (Fritzsche, 2016), haben wir den Ball der Verantwortung an den Mitarbeiter abgespielt, und dieser spielt ihn gerade wieder an uns zurück. Wenn wir ihn annehmen, hat der Mitarbeiter Erfolg, wir aber nicht.

Der Satz „In Ordnung, Herr Maier, ich kümmere mich drum ..." ist stimmig, sofern Herr Maier die delegierende Führungskraft ist. Der Satz sollte bei einer begründeten Aufgabendelegation nicht fallen, sofern Herr Maier der kompetente Mitarbeiter ist, der sich kümmern sollte und auch kümmern könnte. Um das Bild vom Ball zu verwenden: Es ist dann die Aufgabe der Führungskraft, den Ball wieder zu Herrn Maier zurückzuspielen. Natürlich könnten wir diskutieren, ob es stimmt, dass er Aufgabe X noch nie gemacht hat ... vielleicht nicht genau die, aber doch eine ähnliche ... so ähnlich war die gar nicht ... Das geht im Zweifelsfall lange hin und her, ist mühsam, und der Ausgang ist ungewiss. Wir rangeln um den Ball ...

„Das habe ich noch nie gemacht" – damit kommt der Ball auf uns zu. Wie bringen wir ihn wieder zurück? „Fein, Herr Maier, dann denken Sie doch bitte jetzt mal darüber nach, wie Sie die Aufgabe angehen. Die entsprechenden Kompetenzen haben Sie ja."

Diese Aussage begleiten wir mit einem wohlwollenden Blick und einer entspannten Körperhaltung. Beides zusammen sendet die Botschaft: „Ich glaube an Sie – und ich warte gespannt auf Ihre Ideen und Vorschläge!" Der Ball befindet sich wieder beim Mitarbeiter. Eindeutig.

Üben wir „Ballspielen" mit einigen typischen Varianten von Rückdelegation.

„Das hat doch immer Lehmann gemacht, das kann ich nicht so gut wie der ..." – „Kann gut sein – wie würden *Sie* vorgehen?" Der Ball ist wieder bei Maier. Die mögliche Antwort „Ich könnte Lehmann fragen" wäre ein Schritt in die richtige Richtung, Maier beginnt, sich um die Sache zu kümmern.

„Da fällt mir echt nichts dazu ein!" – „Hm, ja, das ist auch eine wirklich schwierige Frage – lassen Sie sich ruhig Zeit für Ihre Antwort!" Sie sind verständnisvoll und entspannt, aber Sie bleiben auch erwartungsvoll. Der Ball ist dort, wo er hingehört.

Ihr Job ist es, voller Erwartung auf Herrn oder Frau Maier zu schauen – und die Klappe zu halten.

Ich trainiere die Situation „Rückdelegation" seit gut zwanzig Jahren in vielen Hundert Seminaren, mit einigen Tausend Führungskräften – vielen fällt es am Anfang sehr schwer, den „Ball" nicht freiwillig wieder an sich zu nehmen, sobald der Mitarbeiter länger als zwei Sekunden schweigt. Offenbar wirkt eine kleine Pause des Mitarbeiters für manche hilfsbereite Führungskraft wie ein Appell, den Ball wieder zurückzuholen: „Maier sagt nichts, also weiß er es nicht, dann muss ich ihm helfen ..." Verständlich, aber falsch.

Die typische Reaktion auf einen unsicheren Mitarbeiter, „Also, Maier, passen Sie mal auf, ich habe mir das folgendermaßen vorgestellt ...", ist gegenüber einem E3-Mitarbeiter ein Führungsfehler: Sie möchten, dass *er* arbeitet; wenn aber *Sie* jetzt reden und erklären, arbeiten *Sie*. Das ist falsch, denn es erzieht den Mitarbeiter dazu, wenig selbst zu denken, sondern sich auf Sie zu verlassen. Einige Jahre später nähern Sie sich einem Burn-out, weil Sie viel zu viele Aufgaben selbst erledigen. Vielleicht sind Sie auch genervt oder zynisch, weil Sie inzwischen davon überzeugt sind, dass alle Ihre Mitarbeiter unselbstständig sind. Ja, das sind sie – aber weil Sie ihnen vor langer Zeit das Denken abgenommen haben.

Wenn man einem anderen nur sagt, was er *nicht* tun soll, ist das nicht hilfreich. „Denken Sie nicht an einen roten Elefanten" ist das berühmteste Beispiel. „Spiel den Ball nicht ins Netz" führt im Tennis dazu, dass der Ball im Netz landet. „Denken Sie an ein grünes Kaninchen, das man auf der grünen Wiese kaum erkennen kann, erst wenn es hopst" – jetzt haben Sie vermutlich den roten Elefanten vergessen. „Spiel den Ball messerscharf und präzise ins richtige Feld" klappt auch viel besser als „nicht ins Netz".

Was also sollen Sie tun, wenn Sie *nicht* sofort helfen sollen?

Sie sollen den Mund halten und erwartungsvoll schauen! Die Pause ist eine der stärksten Führungstechniken; leider wird sie viel zu selten angewandt. Wenn der Ball bei Frau Maier ist, genügt es, dass Sie still sind und eine positive Haltung einnehmen: „Gleich wird Ihnen etwas einfallen, ich bin ganz sicher!", strahlt aus jeder Pore Ihres Körpers!

Dies ist, wenn Sie es gut machen, mehr als nur einstudiertes Verhalten. Es wird irgendwann zu einer ernst gemeinten Haltung, die man Ihnen in vielen Situationen anmerkt. Sie sitzen da, voller Zutrauen darauf, dass der Mitarbeiter eine Lösung finden wird. „Lehmann, ich vertraue Ihnen!", drückt Ihre Haltung aus. Das motiviert, das klärt auch Verantwortung, das führt mittelfristig zu Empowerment in Ihrem Team. Alle werden stärker, weil Sie an sie glauben und das auch ausstrahlen.

Nochmals kurz zum Thema „Pause": Gerade am Anfang stellt diese neue Haltung bei bisher sehr hilfsbereiten Führungskräften eine große Überraschung für die Mitarbeiter dar. Es kann sein, dass einige, ob vor Schreck oder vor Schlitzohrigkeit, es zu einer kleinen Machtprobe kommen lassen: „Herr Fromm, so leid es mir tut, aber mir fällt dazu wirklich nichts ein!" Der Mitarbeiter versucht, die Pause und Ihre Erwartungshaltung an sich abprallen zu lassen. Vielleicht haben Sie ihn so überrascht, dass er im ersten Moment tatsächlich blockiert ist.

Was tun Sie in diesem Fall? Entwickeln Sie die Lösung doch selbst und sagen: „Ich schlage Ihnen folgende Schritte vor ..."? Nein. Bleiben Sie bei der Pause, verlängern Sie diese um einen Tag, und behalten Sie zugleich die freundliche, erwartungsvolle Haltung bei: „In Ordnung, Herr Maier. Anscheinend habe ich Sie ein wenig überrumpelt. Dann ist es wohl besser, wenn wir das vertagen. Sie wissen ja jetzt, was ich von Ihnen möchte – kommen Sie doch einfach morgen wieder in mein Büro und legen mir einen Plan vor, wie Sie die Aufgabe angehen werden. Ich kann um 9 Uhr und um 11.30 Uhr – wann ist es Ihnen lieber?" Mit diesen Worten und vielleicht noch einem „Ich bin schon sehr gespannt" beenden Sie das Gespräch. Bei wem ist der Ball?

Wenn Sie sich die Struktur meiner vorgeschlagenen Reaktionen anschauen, ist die immer ganz einfach. Zunächst stimmen Sie Ihrem Mitarbeiter zu: nicht darin, dass er die Aufgabe nicht lösen kann, nur darin, dass ihm im Moment keine Lösung einfällt. „Ich verstehe, das ist ja auch schwierig ..." Das ist der erste Schritt, den bräuchten Sie nicht zwingend, er ist aber eine freundliche Geste.

Der zweite Schritt besteht darin, dass Sie auf drei Ohren taub sind; ganz besonders taub sind Sie auf dem Appell-Ohr[2]. Sie hören den ver-

---

2 Sie kennen sicherlich den Ansatz von Schulz von Thun, „Vier Seiten einer Nachricht" (Schulz von Thun, 2010)? Er besagt, dass in jeder Aussage unterschiedliche Botschaften enthalten sein können: die sachliche Information; ein Appell an den anderen; eine Aussage über sich selbst; oder eine Aussage über die Beziehung zum anderen. „Die Wäsche hängt noch draußen" ist die Aussage – wenn der Partner jetzt aufsteht und die Wäsche hereinholt, hat er mit dem Appell-Ohr zugehört und sich entschieden, dem Appell zu folgen.

steckten Appell des Mitarbeiters nicht, ihm doch die Arbeit abzu-
nehmen, wenn er sagt: „Das ist aber schwierig!". Wenn er Sie dabei
erwartungsvoll anschaut, antworten Sie: „Stimmt!", und blicken noch
erwartungsvoller zurück. Sie ignorieren die verborgene Aufforderung.
Das ist der Kern.

   Rückdelegation findet nicht nur am Anfang statt, wenn man jemandem eine Aufgabe übergeben möchte. „Chef, ich komme bei Aufgabe
X nicht weiter" kann in einer späteren Phase ein Versuch sein, sich das
Leben ein wenig leichter zu machen. Es ist nicht Ihr Job, sofort zu helfen. Ihr Job ist es, zunächst zu klären, ob sich der Mitarbeiter gerade
das Leben *zu* leicht macht: Könnte er auf eine Lösung kommen, hat er
dazu die Kompetenzen? Diese Frage sollten Sie sich zunächst stellen
(Sie erinnern sich: erst die Diagnose ...). Wenn Ihre Antwort Ja lautet,
spielen Sie den Ball zurück. Wir haben jetzt schon ziemlich viel trainiert, was könnten Sie antworten?

· ·

Übung
· ·

Finden Sie mögliche Antworten auf die Frage „Chef, ich komme hier nicht weiter",
wenn Sie denken, der Mitarbeiter könnte das, wenn er sich ein wenig anstrengen
würde.

_____

_____

_____

_____

_____

_____

· ·

Was haben Sie notiert? Ein guter Weg ist es, Fragen zu stellen wie:
„Was haben Sie denn schon probiert? Was haben Sie sich schon überlegt?" Das hat verschiedene Vorteile. Wenn der Mitarbeiter große Augen macht und sinngemäß etwas wie „Nichts ...!" antwortet, liefert er
eine Bestätigung Ihrer Einschätzung: Es handelt sich offenbar um ein
Engagement-Problem, er hat sich keine Mühe gegeben, sondern kam
direkt zu Ihnen. Den Ball zurückzugeben, ist in diesem Fall die richtige Reaktion.

   Zum anderen berichten mir viele Führungskräfte, dass diese Reaktion ihre Mitarbeiter zu vollkommen neuem Verhalten erzieht. Stellen
Sie sich vor, Sie kommen an einer Stelle nicht weiter, stehen auf und

gehen ohne zu überlegen zu Ihrem Chef. Wenn dieser Sie nun regelmäßig als Erstes nach Ihren eigenen Ideen fragt („Was genau ist schwierig? Was haben Sie sich selbst schon überlegt? Warum funktioniert das nicht, was Sie sich überlegt haben?") und er Sie bei den ersten zwei bis drei Gelegenheiten „kalt erwischt", weil Sie gar nichts überlegt haben – was bewirkt das bei Ihnen?

Richtig: Viele Mitarbeiter treten nach solchen Erlebnissen von sich aus mit eigenen Lösungsansätzen vor ihre Führungskraft: „Ich habe mir Folgendes schon überlegt, aber der Nachteil ist ..." zeigt, dass sich Mitarbeiter Maier zunächst selbst Gedanken gemacht hat, bevor er zum Chef kam. Es zeigt, dass der Chef nur noch aufgesucht wird, wenn es bei Maier einmal wirklich klemmt. Ganz gewiss führen die Gedanken, die Maier sich bei einem Problem erst selbst macht, oft doch noch zu einem Ergebnis, sodass er die Führungskraft nach einiger Zeit nur noch aufsucht, wenn er festhängt – was dann vollkommen in Ordnung ist.

Bitte denken Sie daran: Diese Form des Dialogs ist gegenüber einem E1-Mitarbeiter, der zwar „will, aber noch nicht kann", nicht geeignet. Wenn dessen Führungskraft entspannt zurückgelehnt „Wie würden Sie das Thema denn angehen?" fragt, ohne darüber hinaus zu helfen, geht der Puls des E1-Mitarbeiters zu Recht in die Höhe; er *kann* noch nicht qualifiziert antworten. Falls überhaupt, sollten wir bei dieser Dialogform deutlich mehr Brücken bauen als beim E3-Mitarbeiter. Lesen Sie dazu das Kapitel zum Thema „Coaching".

Test: über Kreuz

Nachdem nun im vorigen Kapitel die vier verschiedenen Mitarbeiterentwicklungsstände und in diesem Kapitel die dazu passenden Führungsverhaltensweisen beschrieben wurden, lassen Sie uns unsere Erkenntnisse einem kurzen Test unterziehen. Lassen Sie uns ausprobieren, was passieren würde, wenn wir gegen die aufgestellten Regeln verstoßen.

Dazu nehmen wir erneut unser Vier-Felder-Schema. Wir überlegen jetzt, wie es wohl wäre, wenn wir genau entgegen unserer Systematik führen würden. Wenn es weh tut, taugt unser Modell – wenn es egal ist, brauchen wir es nicht.

E1 bekommt S3

Der Neuling wird von uns nicht mit klaren Anweisungen versorgt, wir begegnen ihm vielmehr zurückgelehnt, entspannt und erwartungsvoll: „Na, Frau Meier – was sind denn Ihre Vorschläge, wie Sie die Aufgabe X angehen möchten?" Wenn Frau Meier, gemäß E1, noch keine Kompetenzen hat, wird sie entweder panisch reagieren oder im Blindflug irgendwelche zufälligen Antworten produzieren, die wir korrigieren müssen. Nicht nützlich, Panik und Misserfolg führen zu Demotivation!

E2 bekommt S4

Der Mitarbeiter, der noch nicht genug kann, und der zugleich nicht ausreichend engagiert ist, bekommt die ganz lange Leine: Die Aufgaben werden delegiert, danach ist die Führungskraft weg. Sie kommt entweder in regelmäßigen Abständen kontrollieren (MbO), oder sie kommt gar nicht, wenn man sie nicht ruft (MbE). Nun ist der Mitarbeiter im kalten Wasser und soll schwimmen – doch er säuft ab, weil er weder die ausreichende Kompetenz noch das nötige Engagement besitzt, um selbst zu schwimmen.

E3 bekommt S1

Meier ist nicht motiviert; der Chef ruft ihn zu sich und erklärt ihm, wie er die Aufgabe erledigen soll. Dies wird Meier nicht motivieren, jedenfalls nicht langfristig – ein klassischer Führungsfehler, der sehr häufig begangen wird. Kurzfristig kümmert sich Meier zwar um die Aufgabe, weil das Gespräch mit dem Chef nervt – überzeugt (und motiviert) ist er aber nicht, das Engagement ist nicht intrinsisch entwickelt worden. Erklären hat nichts gebracht, das Problem wurde nicht dauerhaft gelöst.

E4 bekommt S2

Der Topmitarbeiter muss sich vom Chef ständig erklären lassen, wie sich dieser die Aufgabenerfüllung vorstellt; zudem muss er sich fragen lassen, ob er auch die Gründe kennt, weshalb die Aufgabe so wichtig ist. Beides ist unnötig, der Chef nervt nicht nur, es kränkt auch, weil E4-Meier denkt, „der hält mich offenbar für total blöd". Nicht nützlich!

Wir haben gezeigt: Die Aufteilung in die vier Entwicklungsstände mit dem zugehörigen Führungsverhalten ist sinnvoll und
relevant. Wendet man ein Verhaltensmuster beim „falschen" Mitarbeiter an, wird es nichts bringen, es wird in den meisten Fällen sogar
schaden.

Zusammenfassung

In diesem zentralen Bereich des Buches geht es um den zweiten Teil des Situativen Führens: Nachdem die vier unterschiedlichen Mitarbeiter definiert worden
sind, muss für jeden das entsprechende Führungsverhalten gefunden werden.
Was soll die Führungskraft tun, wenn ihr Mitarbeiter E1 (E2, E3, E4) ist? Das
passende Verhalten nennen wir Stil 1 bzw. S1, S2, S3 und S4.

Auch hier ist der Ansatz des Situativen Führens sehr kompakt und pragmatisch:
Wir wissen ja bei jedem Entwicklungsstand, was dem dort beschriebenen Mitarbeiter noch fehlt: Kompetenz, Engagement, beides oder auch keines davon.
Das Führungsverhalten besteht nun darin, dass die Führungskraft das liefert
bzw. das ergänzt, was beim jeweiligen Entwicklungsstand fehlt. Sie kümmert
sich also entweder um die Steigerung der Kompetenz des Mitarbeiters oder um
die Verbesserung des Engagements – oder um beides. Oder sie hält sich, bestimmten Regeln folgend, zurück.

Das Verhalten S1 baut also Kompetenzen auf. Dies geschieht durch fünf Schrit-
te, die umso wichtiger werden, je komplexer die Aufgabe ist: Erklären des Sinns,
Vormachen, gemeinsames Machen, Mitarbeiter macht es und Chef schaut zu,
Mitarbeiter macht es und Chef kontrolliert das Ergebnis. Die Führungskraft
zieht sich also mehr und mehr zurück – so lange, bis der Mitarbeiter die Quali-
tät seiner Arbeit sogar selbst kontrollieren kann. Hilfreich ist dabei, die vier
Stufen der Kompetenzentwicklung im Blick zu behalten: Bei der ersten – der
Mitarbeiter weiß selbst gar nicht, welche Kompetenz ihm fehlt – muss man ihn
die Notwendigkeit des Lernens erst durch vorsichtiges Hinterfragen der von ihm
vorgeschlagenen Lösungen erkennen lassen, um ihn zu motivieren. Auch den
Routinier muss man motivieren, indem man ihm zeigt, dass die neue Lösung
Vorteile gegenüber der bisherigen Lösung besitzt.

Da dem Mitarbeiter des Entwicklungsstands E2 sowohl Kompetenz wie Engagement fehlen, muss sich das Verhalten S2 bei den beiden benachbarten
Verhaltens-Sets bedienen, bei S1 und S3. Es ist daher knapp als „Mischung
aus beidem" beschrieben. Der Profitipp in diesem Zusammenhang lautet allerdings, nicht blind beides zu tun, sondern zunächst herauszufinden, welches
Defizit das andere bedingt: Ist jemand nicht kompetent, weil er den Sinn der
Aufgabe nicht versteht und sich deshalb nicht engagiert? Oder fehlt es an Engagement, weil man fühlt, dass man nicht kompetent ist? Die jeweilige Ursa-
che sollte im ersten Schritt behoben werden – dann ist der zweite Schritt
leichter zu bewältigen.

Beim Verhaltensbereich S3 geht es darum, das Engagement zu fördern. Zunächst sollte immer nach den Ursachen des fehlenden Engagements gefragt werden – womöglich benötigt ein Mitarbeiter wirklich konkrete Hilfe, oder es liegen Ursachen außerhalb der Arbeit vor. Danach sollte seine Motivation mithilfe der Motivationsformel $M = E*W$ herausgefordert werden, indem das gewünschte Ziel verbunden wird mit den für diesen Mitarbeiter relevanten persönlichen Werten. Da Motivation von „bewegen" kommt, muss die Führungskraft darauf achten, sich im Dialog entsprechend selbst zurückzunehmen, damit der Mitarbeiter zunächst geistig, dann im Gespräch, und schließlich auch im Tun selbst wieder in Bewegung kommt.

S4 schildert zuletzt, was eine Führungskraft tun sollte, um mit den besten Mitarbeitern gut umzugehen. Zum einen ist hier Zurückhaltung angesagt: Es wäre ein Führungsfehler, dem kompetenten und engagierten Mitarbeiter zu viel in seine Aufgabenerfüllung hineinzureden. Zweitens darf man als Führungskraft getrost frei werden von der Idee, dass nur „mehr Geld" die Topmitarbeiter bei der Stange hält. Laut Herzberg motiviert Geld zwar negativ, wenn es zu wenig ist, aber nicht dauerhaft positiv. Andere Dinge, wie Lob und attraktive Arbeitstätigkeit, sind hier wirksamer und sollten überall, aber auch und gerade beim E4-Mitarbeiter, gezielt eingesetzt werden.

Die Nagelprobe für die vier Verhaltensmuster ist, sie gedanklich einmal „falsch herum" einzusetzen: S3 beim E1-Mitarbeiter beispielsweise: verheerend! Auch S2 für den E4-Kollegen: unangemessen und demotivierend. Die Zuordnungen sind also nicht beliebig, es ist enorm wichtig, sie richtig anzuwenden.

Kritische Würdigung

Nun haben wir den Umgang mit allen vier Mitarbeitertypen des Situativen Führens betrachtet; wir haben jedem Typ, jedem Entwicklungsstand das zugehörige Führungsverhalten mit den entsprechenden Herausforderungen zugeordnet. Wir haben zusätzlich diverse Tricks und Kniffe mit klarem Praxisbezug entwickelt. Lassen Sie uns, nachdem das Bild sich nun vollständig auf der Leinwand befindet, einen Schritt zurücktreten und es betrachten.

Unser Ausgangspunkt war die Betrachtung der drei klassischen Führungsstile und die Überlegung, dass es „one size fits all" nicht geben könne: Einen Führungsstil zu definieren, der für alle Menschen und in allen Situationen gleichermaßen anzuwenden wäre, stellt keine sinnvolle, alltagstaugliche Empfehlung dar. Zwar passen die klassischen Führungsstile zu verschiedenen beruflichen Situationen relativ gut (Militär, Feuerwehr, Krankenhaus versus Werbung, Forschung usw.), jedoch lässt sich daraus trotzdem nicht ableiten: „Wenn Sie im Krankenhaus arbeiten, sollten Sie grundsätzlich autoritär führen, das bringt Tempo und ist eindeutig."

Viele Ärzte machen tatsächlich diesen Fehler: Sie kommen aus dem OP-Saal heraus, wo es zwingend notwendig ist, streng hierarchisch und autoritär zu kommunizieren und zu führen; leider verwenden sie dieses Verhalten oft auch danach. In Dienstbesprechungen und anderen Situationen, in denen gar kein Grund dafür besteht, werden Hierarchien gepflegt und betont, anstatt in freundlicher Weise die jüngeren Kollegen beim Lernen zu unterstützen und die hierarchisch niedrigeren Ärzte mit ihrer Erfahrung und Kompetenz wertzuschätzen.

Entsprechend schlecht ist dann die Stimmung innerhalb mancher Ärzteteams. Auch das Argument „Uns hat das auch nichts geschadet" dient nur dazu, ein Problem vom Tisch zu wischen, welches deutlich besser gelöst werden könnte.

Der Ansatz dieses Buches, mithilfe des Situativen Führens einen flexiblen, an den jeweiligen Entwicklungsgrad des einzelnen Mitarbeiters angepassten Führungsstil zu verwenden, bietet eine alternative Lösung an. Sie passt nach meiner Einschätzung besser zum Führungsalltag und erzielt deutlich bessere Ergebnisse. Jeder Mitarbeiter wird von seinem Chef mit dem Führungsverhalten „versorgt", das er in seiner aktuellen Situation gerade benötigt. Es ist kein Anzug von der Stange, sondern einer nach Maß. Der Einzelne wird sich deshalb wohler fühlen als bei einem Gießkannenprinzip des Führens, das Klima in der Abteilung wird sich verbessern ebenso wie die Leistungsstärke des Teams. Langfristig kann sich ein Spitzenteam entwickeln, da sich die Führungskraft zum Ziel gesetzt hat, überall dort, wo sie noch kein E4 diagnostiziert hat, für Veränderung zu sorgen.

Bevor wir einige weitere Aspekte betrachten, die das Prinzip des Situativen Führens zum Teil erweitern und zum Teil aus einer anderen Perspektive auch relativieren, soll hier noch die Kritik am Modell untersucht werden. Wenn Sie in der Literatur nach kritischen Stimmen suchen, finden Sie überwiegend zwei Dinge, die an Hersey und Blanchard kritisiert werden:

Schwammige Begrifflichkeiten

Man könne bestimmte Begriffe des Modells nicht sauber definieren und deshalb auch nicht messen; deshalb sei das ganze Modell schlecht überprüfbar (Blank et al., 1990). Dieser Überlegung liegt die Frage zugrunde, ob es das, was das Modell auf dem Papier beschreibt und behauptet, im wahren Leben wirklich gibt. Das ist aus wissenschaftlicher Sicht eine wichtige Frage, und Blank und Kollegen haben versucht, sie zu klären. Dabei sind sie auf das Problem gestoßen, dass ihnen einige Begriffe recht schwammig vorkamen.

Tatsächlich habe ich in diesem Buch auf die als „schwammig" kritisierten Begriffe bisher verzichtet. Im Original geht es darum, dass Führungskräfte dann, wenn die Kompetenzen fehlen, ein „eher aufgabenorientiertes Führungsverhalten" anwenden sollen. Das zielt, wie auch hier besprochen, darauf ab, dass sich die Führungskraft darum kümmern soll, dass der Mitarbeiter Kompetenz erwirbt. Fehlt umgekehrt das Engagement, so wendet die Führungskraft „stärker beziehungsorientiertes Verhalten" an, kümmert sich also stärker um die psychologische Komponente der Situation. So formulieren es Hersey und Blanchard.

Die Schwierigkeit der Forscher besteht nun darin, diese tatsächlich recht schwammigen Begriffe messbar zu machen. Sie wollen sehen, ob gute Leistungen besonders dann zu sehen sind, wenn die Führungskräfte diese speziellen Verhaltensweisen beim entsprechenden Mitarbeiter passend einsetzen. Beides muss beobachtet werden können: der Erfolg und zuvor das eindeutige Verhalten. „Beziehungsorientiertes Verhalten" oder „aufgabenorientiertes Verhalten" sauber zu definieren, um es dann zu beobachten und zu messen, ist tatsächlich schwierig. Dieser Kritikpunkt ist, aus wissenschaftlicher Sicht, nachvollziehbar.

Wir haben uns, wie Sie wissen, mit diesen Begriffen überhaupt nicht aufgehalten. Ich habe mich entschieden, ein Buch für den Führungsalltag zu schreiben, welches praktische Hinweise für jede Führungskraft gibt, um sich bei ihren Führungsaufgaben klar und konkret zu orientieren.

In meiner Erfahrung ist die Kompetenz eines Mitarbeiters etwas, was man als Führungskraft recht gut einschätzen kann, wenn man ihn eine Zeit lang kennt und beobachtet. Ebenso ist man als Chef mit Sicherheit in der Lage, sein Engagement zu beurteilen. Die beiden Kernbegriffe Kompetenz und Engagement sind deshalb im Alltag keineswegs schwammig, sondern klar umrissen.

Anstatt nach der Mitarbeiteranalyse eher schwammig zu schreiben, „wenden Sie, lieber Leser, im einen Fall aufgabenorientiertes Verhalten an und im anderen Fall beziehungsorientiertes Verhalten", habe ich Ihnen konkrete Hinweise für jeden der vier Mitarbeiter„Reifegrade" gegeben. Diese sind erfahrungsbasiert, folgen dem gesunden Menschenverstand und beruhen sogar in manchen Fällen auf der Forschung der pädagogischen oder der Motivationspsychologie. Sie können jeden dieser Hinweise sofort im Alltag umsetzen.

Dieser erste Kritikpunkt ist daher aus meiner Sicht mehr einer der Wissenschaft als einer der Praxis.

Fehlender Wirksamkeitsnachweis

Die gleichen Forscher (Blank et al., 1990) äußern, dass es schwerfalle, die Wirksamkeit des Situativen Führens nachzuweisen, bzw. dass man, wenn man es versuchen würde, keine Wirksamkeit feststellen würde. Der Forscher möchte also sehen, dass die Leistung der Abteilung oder des Einzelnen ansteigt, wenn die Führungskraft die Mitarbeiter situativ führt. Das genau ist es ja, was Hersey und Blanchard versprechen. Dieser Nachweis ist tatsächlich noch nicht gut gelungen – und auch mit dieser Kritik müssen wir uns natürlich auseinandersetzen.

Schon durch den ersten Kritikpunkt wird ja gezeigt, dass es nicht einfach ist, diesen Wirksamkeitsnachweis zu erbringen, weil man die zu überprüfenden Begriffe „Der Chef verhält sich aufgabenorientiert" bzw. „Der Chef verhält sich beziehungsorientiert" tatsächlich schwer definieren kann.

Ich habe mir den Forschungsansatz genauer angeschaut und bin der Meinung, dass der Versuch, den Zusammenhang zu messen, sehr kritisch zu sehen ist. Wenn die Details Sie interessieren, lesen Sie die nächsten beiden Absätze, sonst erst wieder den dritten.

Blank et al. haben zum einen über einen Fragebogen versucht, bei Mitarbeitern herauszufinden, welches Verhalten ihre Führungskräfte ihnen gegenüber gezeigt haben (also die Frage nach S1 bis S4). Weiterhin haben sie die Führungskräfte gebeten, die Mitarbeiter auf verschiedenen Skalen einzuschätzen, um E1 bis E4 zu definieren (hier sollte unter anderem Selbstständigkeit, Leistungsbereitschaft, Kompetenz einzelner Mitarbeiter eingeschätzt werden). Je mehr die Einschätzung der Führungskraft bzgl. E und die Einschätzung der Mitarbeiter bezüglich S übereinstimmten, umso eher würde die Führungskraft wohl „situativ führen", war die Annahme der Forscher. Dazu wurde über die Leistungsbewertung im jährlichen Mitarbeitergespräch die Leistung des Mitarbeiters erfasst. Kritisiert wurde nun, dass größere Passung von S und E nicht mit einer höheren Leistung des Mitarbeiters einherging, dass also „deutlicheres situatives Führen" nicht mit besserer Leistung zusammenhänge.

Ich sehe das wie folgt: Ich kann mir zwar vorstellen, dass dieser Zusammenhang fehlt. Aber es verwundert mich auch nicht, dass er fehlt. Zum einen erfolgten die Einschätzungen von E und S nur einmalig zu einem Zeitpunkt T. Zweitens wurden diese ganz allgemein erfragt („Wie sehen Sie die Kompetenz dieses Mitarbeiters?" oder „Wie sehen Sie das Verhalten dieser Führungskraft?"). Natürlich passten dann die Antworten mal mehr und mal weniger gut zusammen. Diese zufällige und nur einmal erhobene Passung mit einem Leistungswert zu vergleichen, der die Leistung eines ganzen

Jahres zusammenfasst, ist jedoch aus meiner Sicht nicht wirklichkeitsnah: Die Jahresleistung kann durch viele weitere Aspekte beeinflusst werden (Stimmung im Team, äußere Variablen, usw.); und die einmalige Messung der Passung von S und E kann auch nicht anzeigen, ob eine Führungskraft über das ganze Jahr situativ passend geführt hat.

Allen mir bekannten Untersuchungen gemeinsam ist, dass sie den „Mitarbeiterentwicklungsstand" mit dem „Führungsverhalten" verbinden. Danach bewerten sie die Qualität dieser Kombination, um zu erforschen, wie sich gute Passung von Führungsstil und Mitarbeiter-„Reifegrad" auf die Leistung auswirkt. Dass dieser Ansatz zu kurz greift, wird im nächsten Kapitel erläutert. Zusätzlich wird eine Lösung dafür angeboten („Mitarbeiterentwicklungsmatrix"). Lassen Sie uns zuvor das Kapitel „Kritische Würdigung" abschließen.

Menschenverstand

Dieses Buch ist für Praktiker. Die Kritik aus der Forschung soll nicht unterschlagen werden, doch zum Abschluss sollten wir zwei Fragen an den gesunden Menschenverstand des Praktikers richten.

Erstens: Gibt es aus Ihrer Sicht Unterschiede zwischen Ihren Mitarbeitern, die sich mit verschieden großer Kompetenz und verschieden starkem Engagement erklären lassen?

Zweitens: Halten Sie die Frage, ob ein Mitarbeiter kompetent ist oder nicht und ob er motiviert ist oder nicht, für relevant, wenn es darum geht, seine Leistung individuell zu fördern und zu steigern?

Sollten Sie beide Fragen mit Ja beantwortet haben – so wie ich es tue –, dann glaube ich, dass Sie trotz der theoretischen Kritik den praktischen Nutzen des Modells erkennen können: Es gibt Ihnen eine Handlungsorientierung im Führungsalltag.

Zusammenfassung

Am Modell des Situativen Führens wurden über die Jahre zwei Hauptkritikpunkte geäußert. Der eine Vorwurf lautet, dass die von den Autoren Hersey und Blanchard verwendeten Begriffe sehr schwammig seien. Der andere Kritikpunkt besagt, dass man das Modell empirisch, mit Forschung, nicht habe überprüfen bzw. beweisen können.

Es ist zwar zutreffend, dass die Originalbegriffe sehr unscharf formuliert sind. Jedoch sind die hier im Buch verwendeten Begriffe „Kompetenz" und „Engagement" klar und nachvollziehbar, und die daraus abgeleiteten Verhaltensregeln für das Führen des entsprechenden Mitarbeiters sind es ebenfalls. Wie oben gezeigt wurde, hätte das Ignorieren der vorhandenen Kompetenz- bzw. Engagement-Ausprägung beim Mitarbeiter bzw. das Führen *gegen* diese beiden Dimensionen deutlich negative Auswirkungen.

Die von den Kritikern durchgeführte Forschung zum Modell, die nicht zeigen konnte, dass gutes situatives Führen besonders qualifizierte Mitarbeiter mit besonders guter Leistung hervorbringen würde, ist nach Ansicht des Autors selbst mangelhaft, weil sie zum einen an den ja zuvor als „schwammig" kritisierten Begriffen ansetzt – was nachvollziehbar nur „schwammige Ergebnisse" produzieren kann. Zum anderen ist der Forschungsansatz selbst zu unspezifisch, um klare Ergebnisse zu produzieren: Dass eine einmalige Befragung irgendwann im Jahr keine deutlichen Zusammenhänge nach Ablauf eines Jahres vorhersagen kann, liegt für einen gut ausgebildeten Wissenschaftler nahe.

Fazit: Es ist weniger das Modell des Situativen Führens als fehlerhaft einzustufen. Vielmehr ist der Forschungsansatz *selbst* mangelhaft, der die Fehlerhaftigkeit des Modells benennt.

Mitarbeiter-
entwicklungsmatrix

Wir haben uns E1 bis E4 angeschaut, und wir haben dazu passend S1 bis S4 erarbeitet. Sind wir damit handlungsfähig im alltäglichen Umgang mit unseren Mitarbeitern? Im Prinzip ja – doch einer der Gründe, weshalb die Forschung zum Thema nicht greift, steht uns auch im Weg, wenn wir an die praktische Umsetzung gehen möchten. Bestimmt haben Sie beim Lesen schon mal den einen oder anderen Mitarbeiter einer der vier Kategorien zugeordnet, oder? Ist Ihnen das gut gelungen? Gab es Schwierigkeiten, Unschärfen, offene Fragen? Haben Sie vielleicht überlegt, was Sie selbst sind? E3? E4? E1? „Kommt darauf an?", sagen Sie?

Ganz genau, es kommt darauf an.

Ich kann von mir selbst sagen, dass ich in den unterschiedlichen Tätigkeiten in meinem beruflichen Alltag nicht überall gleichermaßen kompetent bin. Ganz sicher weiß ich auch, dass ich nicht in allen Feldern gleichermaßen viel Engagement an den Tag lege. Manche Aufgaben mache ich sehr gern, manche überhaupt nicht; von Letzteren wiederum lasse ich, wenn ich kann, auch mal welche liegen. Also bin ich unterschiedlich kompetent und unterschiedlich engagiert. Müssen wir deshalb das Modell des Situativen Führens verwerfen? Nein. Wir sollten es entsprechend erweitern. Das Kriterium, das uns noch fehlt, haben wir gerade beschrieben: Wir sind unterschiedlich engagiert und kompetent, je nachdem, um welche *Aufgabe* es sich handelt. Je nach Aufgabe befinden wir uns in unterschiedlichen Entwicklungsständen, E1, E2, E3 oder E4.

Von dieser Grundidee ausgehend, empfehle ich Ihnen folgendes Führungsinstrument: die Mitarbeiterentwicklungsmatrix (Eysel, 1996). Eine Tabelle, mit der Sie die drei Dimensionen Kompetenz,

Engagement und Aufgabe zueinander in Verbindung setzen. Eine Übersicht, die Ihnen hilft, jeden Mitarbeiter differenziert einzuschätzen. Ein Werkzeug, mit dessen Hilfe Sie für jeden Mitarbeiter individuell entscheiden können, welches Thema Sie mit ihm gemeinsam mit welchem Führungsverhalten bearbeiten, um ihn gezielt zu unterstützen. Die Tabelle ist rasch gezeichnet:

Aufgabe	kann?	will?	E?	Führungsverhalten

Tabelle 1: *Die Mitarbeiterentwicklungsmatrix*

Probieren Sie es aus. Nehmen Sie ein Blatt Papier, zeichnen Sie die Tabelle von oben ab und überlegen Sie, welchen Mitarbeiter Sie zur Probe gründlich analysieren möchten. Vielleicht nehmen Sie einen, der kein „Anfänger" mehr ist, aber auch noch einige Schritte weg von „perfekt" – das zeigt besonders deutlich, wofür die Matrix gut ist.

Matrix ausfüllen

Nachdem Sie einen Mitarbeiter ausgewählt haben, überlegen Sie im nächsten Schritt, welches die Aufgaben dieses Mitarbeiters sind. Sie entscheiden also, was in die linke Spalte kommt. Sie können sich an die Stellenbeschreibung halten, Sie können selbst Aufgaben definieren, wie es Ihnen gefällt. Notieren Sie so viele Aufgaben, bis Ihnen keine weiteren relevanten Punkte mehr einfallen. Bei einem Fensterputzer wird die Liste möglicherweise relativ kurz, beim Chef der Putzkolonne etwas länger, beim Geschäftsführer des Reinigungsunternehmens am längsten. In jedem Fall werden für die drei Personen unterschiedliche Aufgaben in der Spalte stehen.

Wenn Sie mit der Matrix noch nicht viel Übung haben, dann müssen Sie zunächst ein wenig herumprobieren. Spielen Sie mit dem Abstraktionsgrad der Aufgaben, die Sie in die erste Spalte eintragen. Letzten Endes sollten Sie zum Üben eher zu detailliert vorgehen;

wenn Sie dann beim Ausfüllen der Tabelle merken, dass für ähnliche Aufgaben immer identische Bewertungen herauskommen, werden Sie diese von alleine etwas enger zusammenfassen.

Am Beispiel des Fensterputzers erläutert: Anfangs notieren Sie womöglich als Aufgabe 1 „Große Fenster putzen" und als Aufgabe 2 „Kleine Fenster putzen", oder „Fenster von innen putzen" bzw. „Fenster von außen putzen". Wenn dann bei jeder Untergruppe Ihre Einschätzung in Bezug auf „kann?" und „will?" gleich ausfällt, merken Sie von alleine, dass Ihre Differenzierung etwas zu fein war. Dann fassen Sie diese Unterpunkte in einer einzigen Aufgabe zusammen: „Fenster putzen": Kann er das? Und macht er es verlässlich?

Vielleicht hat der imaginäre Fensterputzer weitere Aufgaben, wie „Höflich mit den Kunden umgehen", oder „Arbeitsplatz ordentlich verlassen" ... – für jeden Beruf gibt es wieder andere Kategorien, die am besten von der zuständigen Führungskraft notiert werden. Tun Sie es – nicht für einen fiktiven Fensterputzer, sondern für Ihren realen „Mitarbeiter Meier"!

Haben Sie Ihre Tabelle für „Mitarbeiter Meier" in der Spalte „Aufgabe" vollständig ausgefüllt, können Sie überlegen, ob Sie vielleicht fünf weitere Mitarbeiter mit identischen Aufgaben führen. Im Beispiel des Fensterputzers wird die erste Spalte für alle Kollegen des ersten Fensterputzers gleich aussehen: Alle haben identische Anforderungen zu erfüllen, identische Aufgaben zu erledigen.

Ihr Vorteil ist also: Bei vergleichbaren Aufgabenfeldern Ihrer Mitarbeiter genügt es, wenn Sie diese Tabelle nur ein einziges Mal erstellen, danach können Sie sie als Kopiervorlage verwenden. Der Inhaber eines Restaurants hat also am Ende des Tages, vereinfacht ausgedrückt, drei Tabellen: eine für alle Köche, eine für alle Kellner, eine für alle Putzhilfen. Sollte ein Koch der Chefkoch sein, wäre es denkbar, zunächst die Tabelle für alle Köche zu verwenden, diese dann am Ende um weitere Aufgaben zu ergänzen, die nur „der Chef" hat. Sie entscheiden.

Die Idee der Kopiervorlage nützt Ihnen übrigens auch, falls jeder Mitarbeiter völlig andere Aufgaben zu erfüllen hat, denn womöglich möchten Sie regelmäßig einen „Status" des Mitarbeiters erstellen. In diesem Fall nehmen Sie jedes Mal eine kopierte Tabelle aus der Schublade, wenn sie sich erneut mit ihm beschäftigen möchten. Die Tabelle für Kellner Schulze sieht über das Jahr hinweg also gleich aus, solange er keine zusätzlichen Aufgaben bekommt – Sie können die Vorlage erneut verwenden, wenn Sie im Februar einige Maßnahmen mit ihm vereinbart haben und im April überprüfen möchten, inwiefern diese gegriffen haben.

Profitipp

Als möglicher Einstieg in ein Mitarbeitergespräch ist es denkbar, die erste Tabelle für Frau Meier selbst auszufüllen und ihr zugleich eine leere Tabelle zu geben mit der Bitte, die vordere Spalte auszufüllen. Sie legen dann beide Tabellen nebeneinander und vergleichen: Hat Frau Meier die gleichen Aufgaben notiert wie Sie? Stehen bei ihr mehr Aufgaben als bei Ihnen? Hat sie Aufgaben weggelassen? Welche? Mit Sicherheit ergibt sich alleine darüber ein interessantes Gespräch.

Welches ist nach dem Ausfüllen der „Aufgaben"-Spalte der nächste Schritt? Sobald in Spalte 1 alle Aufgaben notiert sind, tragen Sie in Spalte 2 ein Plus ein oder ein Ja oder einen Haken, wenn Sie meinen, der Mitarbeiter ist *bei dieser speziellen Aufgabe* kompetent, und ein Minus oder ein Nein oder ein Ausrufezeichen, wenn Sie meinen, dass die Kompetenz noch nicht ausreicht. Gleiches tun Sie auch mit Spalte 3, wenn es um das wahrgenommene Engagement des Mitarbeiters geht – immer bezogen auf die vorn in der Zeile eingetragene konkrete Aufgabe.

Profitipp

Mindestens so spannend wie die Frage, welche Aufgaben Ihre Mitarbeiterin selbst in Spalte 1 einträgt, ist natürlich auch die Frage, wo sie im nächsten Schritt in „ihrer" Tabelle ein Plus einträgt und wo ein Minus. Auch der Abgleich dieser beiden Spalten (Selbsteinschätzung Mitarbeiterin, Fremdeinschätzung Führungskraft) bietet einen starken Einstieg in ein Führungsgespräch!

Wenn Sie die Spalten 1 bis 3 ausgefüllt haben, können Sie in Spalte 4 den Entwicklungsstand E1 bis E4 des Mitarbeiters eintragen, bezogen auf die jeweilige Aufgabe. Das dient im Moment eher zum Üben – wenn Sie die Tabelle ein Vierteljahr lang verwendet haben, können Sie diese Spalte streichen. In Spalte 5 benennen Sie, auch eher um zu üben, das Führungsverhalten, welches Sie bei Mitarbeiterin Meier in Bezug auf die Aufgabe X verwenden werden – dieses leitet sich automatisch aus der vierten Spalte ab. Steht dort eine 4, werden Sie Aufgabe X delegieren und Ihrer Mitarbeiterin eine lange Leine lassen, steht dort eine 1, müssen Sie Frau Meier erst beibringen, wie die Aufgabe geht, und so weiter.

 Profitipp

Beim Ausfüllen von Spalte 1 bis 3 empfehle ich Pessimismus! Ich bin in praktisch allen Bereichen meines Lebens ein Optimist – weshalb also ausgerechnet hier, im Umgang mit Mitarbeitern, eine Empfehlung für Pessimismus? Weil diese Tabelle eine Arbeitsunterlage für mich ist. Im Allgemeinen lege ich sie meinem Mitarbeiter mit Ausnahme des zuletzt genannten Profitipps nicht vor, ich verwende sie, um einen Anhaltspunkt zu bekommen, wie ich mit dem Mitarbeiter umgehe, was ich als Nächstes mit ihm vorhabe (vgl. nächster Abschnitt, „Matrix benutzen"). Wenn ich zu rasch ein Plus bei „kann?" oder bei „will?" eintrage, bewirkt das, dass ich an der entsprechenden Stelle bis auf Weiteres nicht mehr hinschaue, ich werde delegieren, und fertig. Wenn ich aber nicht nur für mich ehrgeizig bin, sondern auch für die von mir verantwortete Abteilung, dann werde ich mit dem schnellen Plus sparsam umgehen. Ein Minus oder ein Nein an der entsprechenden Stelle liefert für mich als Führungskraft einen wertvollen Hinweis, nämlich: „Thomas, mit diesem Mitarbeiter hast du bei dieser Aufgabe noch Arbeit, Führungsarbeit – er könnte an dieser Stelle noch besser werden!"

Matrix benutzen

Damit sind wir auch schon beim Benutzen der Matrix angelangt. Klar ist inzwischen, dass wir nicht nur jeden Mitarbeiter individuell behandeln, sondern dass wir unseren Führungsstil beim gleichen Mitarbeiter verändern, je nachdem, über welche Aufgabe wir mit ihm gerade sprechen. Stellen wir uns vor, die Matrix liegt ausgefüllt vor uns. Wir sehen, jedenfalls bei einem noch nicht perfekten Mitarbeiter, eine Tabelle mit Plus und Minus bzw. mit diversen Ja und Nein. Weiter oben habe ich schon angedeutet, dass der Fokus der Führungskraft nun auf den Minus bzw. auf den Nein liegt, denn an diesen Stellen haben die Mitarbeiter noch Defizite, die es zu verbessern gilt.[3]

---

3 Eine ganz andere Haltung zu diesem Thema finden wir später im „Fortgeschrittenen"-Kapitel „Gegen alle Regeln"

Wie gehen wir nun vor? Bitten wir den Mitarbeiter zum Gespräch und legen ihm unsere „gesammelten Werke" vor? Sprechen wir dann Minus für Minus, Problem für Problem, mit ihm durch? Auch wenn ich oben geschrieben habe, dass das zu einem interessanten und intensiven Dialog führen kann, so ist dieses Vorgehen in den meisten Fällen nicht ratsam – insbesondere dann nicht, wenn wir sehr viele Minus eingetragen haben.

Der Mitarbeiter wäre zum einen von der Gesamtzahl erschlagen: „So negativ schätzt mich mein Chef ein?!" Weiterhin dürfte er, wenn man zwei oder drei Positionen mit ihm durchgesprochen hat, auch „satt" sein und nicht mehr bereit für eine weitere anspruchsvolle Diskussion. In der Gedächtnispsychologie spricht man von „retroaktiver Hemmung": Neu gelernter Stoff überlagert zuvor gelernten Stoff und sorgt dafür, dass man sich den zuerst gelernten Stoff nicht so gut merkt (Hoffmann, 2013).

Daraus folgt: Es ist ratsam, bei einer Reihe von Problemen nicht alle auf einmal anzugehen, sondern eins nach dem anderen zu bearbeiten – je nach Mitarbeiter und je nach Komplexität der einzelnen Themen kann das im Wochenabstand geschehen oder auch über Monate verteilt.

Daraus folgt natürlich die Frage: Welches Problem zuerst? Wie wähle ich aus? Hier können wir uns an ein paar Daumenregeln orientieren. Zur Illustration betrachten wir einmal die Matrix eines fiktiven Kellners der gehobenen Gastronomie.

Aufgabe	kann?	will?	E?	Führungsverhalten
Speisen und Getränke servieren	+	+	4	
Gäste beraten	–	–	2	
Höflicher Umgangston	–	+	1	
Effektives Arbeiten	+	+	4	
Überblick in seinem Bereich	–	+	1	
Kassiervorgang	+	–	3	

Tabelle 2: *Matrix eines fiktiven Kellners*

Die Legende zur Tabelle: Kellner Franz kommt aus einem normalen italienischen Restaurant, er hat sich im Bewerbungsgespräch sehr engagiert gezeigt und sich gut verkauft, deshalb arbeitet er seit sechs Wochen in einem gediegenen Sterne-Restaurant. Aus der gerade vom Restaurantbesitzer erstellten Tabelle können wir ableiten, dass er aufgrund seiner Erfahrung den Serviervorgang an sich sehr gut beherrscht, er kennt die Regeln und kann die Speisen und Getränke akkurat servieren. Er berät die Gäste aber nicht sehr gern und versucht, wo es möglich ist, diese Aufgabe zu vermeiden; dazu befragt, sagt er, er fühle sich in diesem Zusammenhang noch sehr unsicher. Zum Ärger seines Chefs hat Franz mehrfach einen ruppigen Umgangston gezeigt, es gab zwei klare Beschwerden von Gästen. Das war ihm sehr peinlich, er meinte, dass die Gäste sehr hochnäsig zu ihm gewesen seien und dass er sich leider habe provozieren lassen. Im Gastraum macht er aufgrund seiner jahrelangen Routine kaum unnötige Gänge, auf dem Weg zurück zur Küche nimmt er regelmäßig leere Teller oder Schüsseln mit, er bemerkt auch Gäste, die eine Bestellung aufgeben möchten, und ist hier sehr wach. Allerdings kann er nicht immer auf Anhieb erkennen, was ein Gast gerade von ihm erwartet – im Ristorante früher war es nicht üblich, die Gläser für die Gäste jeweils nachzufüllen, bestimmte Feinheiten übersieht er noch – was ihn selbst am meisten ärgert, denn er möchte diese Kniffe gern beherrschen. Schließlich haben Sie zwar im Bewerbungsgespräch mehrere praktische Übungen mit Geld, Wechselgeld, großen und kleinen Scheinen gemacht und dabei festgestellt, dass er einwandfrei rechnen kann. Dennoch sind ihm in den sechs Wochen einige größere Schnitzer beim Bezahlvorgang passiert, was an der mangelnden Konzentration gelegen haben dürfte.

Das ist also der Kellner Franz. Er hat seine Mängel, aber er hat auch eine Reihe von Vorzügen – sein Chef glaubt an ihn und auch daran, dass er ihn noch entwickeln kann. Deshalb denkt er mithilfe der Tabelle in der Probezeit über Franz nach …

Gefahr im Verzug

Die wichtigste Daumenregel: Wenn bei einem Aufgabenfeld, das ein oder zwei Minus bekommen hat, „Gefahr im Verzug" ist, dann muss dieses Feld als erstes angegangen werden. Verstellt ein kreativer

Hausleiter im Supermarkt regelmäßig durch seine eigenwillige Marktgestaltung die gesetzlich vorgeschriebenen Fluchtwege, muss sein Verkaufsleiter diesen Punkt zuerst klären. Das Thema kann nicht noch ein paar Wochen warten. Bestellt er häufig zu viel Ware und muss deshalb am Abend große Mengen wegwerfen, ist auch das ein sowohl wichtiges wie auch dringendes Thema und sollte bald besprochen und geklärt werden.

Gibt es bei „Kellner Franz" ein ähnlich brisantes Thema? Die Antwort hängt von der Perspektive des Chefs ab. Je nachdem, was diesem für sein Restaurant besonders wichtig ist, wird er vielleicht auf den Umgangston zeigen – hier könnten Gäste verloren gehen. Er könnte auch auf die Kassierfehler zeigen – hier könnte Geld verloren gehen. In beiden Aufgabenfeldern muss rasch gehandelt werden, damit kein Schaden entsteht.

Dominoprinzip

Wenn alles, was mit „Gefahr im Verzug" zu tun hat, angepackt wurde, empfiehlt es sich im Sinne der Daumenregeln, im nächsten Schritt nach dem Thema zu suchen, an dem die meisten anderen Themen hängen. In unserer komplexen Arbeitswelt finden sich oftmals vernetzte Zusammenhänge. Wenn wir eine hohe Effizienz auch beim Führen anstreben, sollten wir den Hebel an einer Stelle ansetzen, von der weitere Problemfelder abhängen.

Wenn eine Führungskraft, für die wir verantwortlich sind, die eigenen Mitarbeiter nicht richtig führt, so wird sie sehr wahrscheinlich auch Probleme in anderen Feldern bekommen. Kommt beispielsweise ein Abteilungsleiter im Einzelhandel mit der Führung seiner Mitarbeiter nicht zurecht, hat er dadurch sicherlich auch schlechte Umsätze, hohe Abschriften, kein gutes Klima, unfreundliche Mitarbeiter, Kundenbeschwerden … Alles Positionen in der linken Spalte der Matrix, alles „Aufgaben", die dort ein oder zwei Minus-Bewertungen bekommen haben.

Sein Chef sollte ihn rasch dabei unterstützen, wirkungsvoll führen zu lernen, egal, ob er ihn auf ein Führungsseminar schickt oder ihm dieses Buch schenkt … Dann wird der Abteilungsleiter durch klügeres Führungsverhalten einige der aufgeführten Probleme abstellen, weil er sich bei seinen Mitarbeitern deutlicher durchsetzt, ihnen die Dinge klarer vermittelt, sie besser motiviert oder alles zusammen.

Bei unserem „Kellner Franz" könnte vielleicht ein Knigge-Training mehrere Punkte auf einmal beheben: Er wird selbstsicherer im Umgang auch mit schwierigen Gästen, weil er trainiert hat, auf schlechtes Benehmen mit Souveränität zu reagieren, er erkennt ihre Bedürfnisse etwas besser, und indem diese beiden Entlastungen wirken, hat er vielleicht auch weniger inneren Stress und kann sich besser auf den Kassiervorgang konzentrieren. Dies ist zum Teil Spekulation, doch im Umgang mit Menschen muss man oftmals mit Versuch und Irrtum vorgehen: Wenn sein Chef und er die Knigge-Schulung für eine gute Idee halten, wird sie durchgeführt, und danach stecken beide die neuen Ziele fest und beobachten, wie gut sie erreicht werden.

Etwas Simples zuerst

Diese Daumenregel, „Zuerst das Einfache", steht mit der genau anders herum formulierten nächsten Daumenregel, „Das Schwerste zuerst", an dritter Stelle – es ist egal, welcher von beiden Sie als Nächstes folgen. Gehen Sie nach Ihrem persönlichen Geschmack vor, oder orientieren Sie sich daran, was für den entsprechenden Mitarbeiter am besten passt.

Die Regel „Zuerst das Einfache" besagt, dass Sie bei mehreren noch zu bearbeitenden Führungsaufgaben bei Mitarbeiter Schulze diejenige auswählen, von der Sie vermuten, dass Schulze sie besonders rasch lösen wird. Der Vorteil dieser Methode besteht darin, dass Schulze (und auch Sie selbst) so einen schnellen Erfolg erzielen. Das steigert die konstruktive Stimmung, Sie werden die nächsten, schwierigeren Aufgaben mit gesteigerter Zuversicht angehen: „Wir schaffen das!"

Finden wir bei Kellner Franz etwas Einfaches, was wir als Erstes anpacken könnten? Da wir oben schon verschiedene Themen angepackt hatten, ist nicht mehr viel übrig. Folgen wir dem Prinzip „Zuerst etwas Simples", könnten wir das Thema „Beratung der Gäste" angehen. In dem Restaurant gibt es wenige, erlesene Speisen, Franz müsste nicht allzu viel lernen. Für die Weine könnten wir ihn schon morgen bei einem Sommelier zum Kurs anmelden, mit dem wir seit vielen Jahren erfolgreich zusammenarbeiten. Franz würde rasch mehr Sicherheit gewinnen und wäre sicher froh darüber.

Das Schwerste zuerst

Diese Grundregel lässt sich wie gesagt mit der letzten austauschen – je nach Geschmack und Situation. Sie besagt genau das Gegenteil der vorigen: Beginnen Sie nicht mit dem leichtesten Thema, beginnen Sie mit dem schwersten. Weshalb? Wenn Sie den dicksten Brocken erledigt haben, fällt alles, was danach kommt, leichter, Sie fühlen sich stark und können sich gehörig feiern.

Gibt es bei Franz einen besonders schwierigen Punkt? Man kann sich vorstellen, dass das Thema „Kundenfreundlichkeit" nicht leicht zu knacken ist: Offenbar hat er sich jeweils provozieren lassen, und Dinge wie „Reizbarkeit" zu verändern, ist wirklich nicht einfach. Immerhin ist er motiviert, es besser zu machen. Wenn wir durch das Durchspielen von provozierenden Situationen und mittels Einübens von höflichem, gelassenem Verhalten Franz helfen können, bei Provokationen souverän zu bleiben, wird er nach der ersten gut gemeisterten „Real-Life-Provokation" mit Sicherheit stolz auf seine neue „vornehme" Gelassenheit sein.

Besonderheit E3

Nun haben wir vier Daumenregeln zum Arbeiten mit der Matrix betrachtet. Alle haben sich auf das „zeilenweise" Vorgehen konzentriert, immer der Frage folgend: Welches Aufgabenfeld gehe ich zuerst mit dem Mitarbeiter an, welches danach?

Eine Besonderheit fehlt noch. Stellen Sie sich vor, Sie haben für Mitarbeiter Huber eine Tabelle mit neun verschiedenen Aufgabenfeldern erstellt; Sie sind außerdem mit der Mitarbeitereinschätzung durch und haben Plus und Minus verteilt. Nun sehen Sie, dass Sie zwar bei der Frage „kann?" meistens Plus-Antworten gegeben, jedoch in der Spalte „will?" bei sieben von neun Aufgaben ein Minus notiert haben. Auch wenn Huber in den meisten Feldern seiner Tätigkeit bereits kompetent ist, so zeigt er sich doch in gut 75 Prozent seiner Aufgaben nach Ihrer Einschätzung nicht engagiert!

Was bedeutet das für Sie als Führungskraft? Wie gehen Sie vor? Folgen Sie auch hier den oben geschilderten Regeln? „Gefahr im Verzug" angehen? Dominoeffekt nutzen? Über mehrere Wochen immer nur ein neues Thema auf einmal? Das ergibt im Falle von Mitarbeiter Huber wenig Sinn. Bei so vielen Minus-Einschätzungen im Bereich des Engagements sollten Sie nicht jeden Punkt einzeln angehen, sondern ein Grundsatzgespräch über die Motivation des Mitarbeiters führen. Fragen Sie ihn nicht nach einer einzigen Aufgabe, fragen Sie ihn nach seiner Tätigkeit insgesamt: „Herr Huber, ich habe mir mal Ihre Leistung der letzten Wochen angeschaut. Obwohl ich Sie fast überall für kompetent einschätze, haben Sie vieles schleifen lassen, waren oft nachlässig ... Herr Huber, was ist los?"

In diesem Fall sollen Sie also nicht horizontal, aufgabenbezogen, vorgehen, sondern vertikal, grundsätzlich. Klären Sie gemeinsam, was los ist und wie Sie ihn dabei unterstützen können, mehr Engagement zu zeigen. Beachten Sie dabei die Überlegungen, die wir im Kapitel S3 angestellt haben.

Unterschied Beurteilungsgespräch

Manchmal fragen Seminarteilnehmer, was denn der Unterschied zwischen dieser Matrix und dem jährlichen Mitarbeiterbeurteilungsgespräch sei.

Es gibt drei prägnante Unterschiede. Der erste: Das Beurteilungsgespräch findet normalerweise einmal jährlich zu einem definierten Termin statt, die Matrix ziehe ich dagegen immer dann aus der Schublade, wenn ich ein Problem feststelle und etwas dagegen unternehmen möchte. Das Beurteilungsgespräch findet aufgrund einer Routine und unabhängig von einem Anlass statt, die Matrix setze ich ein, wenn ich mir im praktischen Alltag über einen Mitarbeiter Gedanken mache.

Weiter beschäftigt sich das typische Beurteilungsgespräch mit verschiedenen Mitarbeitereigenschaften (Verlässlichkeit, Pünktlichkeit usw.) und mit einer Reihe von persönlichen Kompetenzen (Konfliktfähigkeit, Kundenfreundlichkeit, Führungsfähigkeit). Zwar bestehen bei den an zweiter Stelle genannten Dingen Ähnlichkeiten zur Matrix; dennoch steht beim Beurteilungsgespräch die *Person des Mitarbeiters* im Fokus, bei unserer Matrix ist dagegen die *Erfüllung der Aufgaben* durch diesen Mitarbeiter zentral.

Dies führt zum dritten wesentlichen Unterschied der beiden Instrumente. Beim Anwenden der Mitarbeiterentwicklungsmatrix geht es nicht nur darum, dem Mitarbeiter eine Orientierung zu geben und womöglich noch allgemeine Maßnahmen für das kommende Jahr zu definieren. Bei der Matrix geht es sehr konkret um zwei weitere Schritte: zum einen um die Erforschung der Ursachen, zum anderen um die nötigen nächsten Schritte zur Behebung der Ursachen. Das Beurteilungsgespräch möchte also in erster Linie Führungskraft und Mitarbeiter einmal im Jahr ins Gespräch bringen darüber, wie die Führungskraft ihren Mitarbeiter einschätzt. Das Ziel ist Orientierung für den Mitarbeiter, Feedback, Motivation. Die Matrix dagegen gibt eine Orientierung für die Führungskraft darüber, wie gut der Mitarbeiter seine Aufgaben erfüllt; sie hilft der Führungskraft dabei, den Mitarbeiter gezielt dabei zu unterstützen, alle gestellten Aufgaben immer besser zu bewältigen.

Zusammenfassung

Um den Ansatz des Situativen Führens im beruflichen Alltag zu verwenden, benötigt es noch einen weiteren Schritt, der im Original tatsächlich nicht gemacht wird: Da niemand in allen Aufgabenfeldern gleich kompetent und gleich engagiert sein dürfte, muss man am Ende des Tages dem Modell eine weitere Dimension hinzufügen, um es alltagstauglich zu machen: Neben Kompetenz und Engagement muss noch nach der jeweiligen Aufgabe gefragt werden: Wie kompetent und wie engagiert ist Mitarbeiter X bei der Erfüllung seiner verschiedenen Aufgaben A, B, C, D und so weiter?

Über eine Matrix, die diesen Zusammenhang aufschlüsselt, lässt sich nun jeder Mitarbeiter zu jeder Zeit genau darstellen. Die Führungskraft erkennt anhand der Matrix sofort, wo beim jeweiligen Mitarbeiter Handlungsbedarf ist, und welche Handlung bei welcher Aufgabe seitens der Führungskraft ansteht: Zeile für Zeile wird in der Matrix zunächst die Aufgabe benannt, danach die Einschätzung in Kompetenz und Engagement (vorhanden/nicht vorhanden) vorgenommen und damit der Entwicklungsstand *bei dieser konkreten Aufgabe* definiert – schließlich kann im dritten Schritt das passende Verhalten der Führungskraft für *diesen* Mitarbeiter bei *dieser* Aufgabe bestimmt werden.

Es ist denkbar, die Matrix insgesamt dem Mitarbeiter vorzulegen, ja sogar, diesen zunächst zu bitten, selbst seine Aufgaben zu definieren und seine eigene Kompetenz und sein Engagement in Bezug auf die Aufgaben einzuschätzen. Dies kann erhellende und intensive Gespräche auslösen – jedoch ist in den meisten Fällen zu befürchten, dass der Mitarbeiter demotiviert wird und irgendwann abschaltet, wenn die Führungskraft „Fehler um Fehler" mit ihm durchsprechen möchte.

Beim Bearbeiten der Matrix sollte deshalb üblicherweise Aufgabe für Aufgabe angegangen bzw. ein Defizit nach dem anderen abgearbeitet werden. Hier ist zu empfehlen, die Tabelle mit „Zweckpessimismus" auszufüllen, denn jede Markierung im Sinn von „noch nicht (ausreichend) vorhanden" führt dazu, dass die Führungskraft sich klarmacht: Hier besteht für mich noch Handlungsbedarf. Gerade wenn man dem Mitarbeiter die Matrix nicht vorlegt, spricht nichts gegen eine eher kritische Sichtweise.

Natürlich geht man zunächst die Themen an, bei denen „Gefahr im Verzug" ist, weil durch schlechtes Erledigen der Aufgabe Material oder schlimmstenfalls Menschen gefährdet werden könnten. Danach kann man Aufgaben mit besonderer Hebelwirkung angehen: Wenn ich eine Aufgabe optimiere, die dann zwei oder drei weitere Bereiche positiv „klärt", gehe ich nun diese an. Die übrigen Aufgaben kann ich nach Typ und Belieben entweder mit „Etwas Leichtes zuerst" oder „Den schwersten Brocken zuerst" anpacken. Beides kann für Motivation sorgen.

Coaching

Zur Frage, was denn Coaching sei, gibt es eine Menge Antworten. „The coach" hieß einmal einfach nur „die Kutsche" oder später „der Reisebus". Ein Coach ist in Amerika so etwas wie der Trainer, der die Mannschaft oder den einzelnen Sportler vom Spielfeldrand aus betreut. Coach nennt sich in Deutschland oft jemand, der Manager und Führungskräfte dabei unterstützt, sich in ihrer Persönlichkeit oder ihren Fähigkeiten weiterzuentwickeln. Der Titel ist nicht geschützt, jeder kann sich Coach nennen und auf Kunden hoffen. Wird er gebucht, „ist" er ein Coach.

Wenn ich hier von Coaching schreibe, beziehe ich mich im Wesentlichen auf ein Lehrvideo mit John Cleese (Cleese, 1990). Dort wird Coaching zunächst von „Training" abgegrenzt. Training ist etwas, was man an einem Ort außerhalb der Arbeitsstelle durchführt; man kommt zurück zu seinem Arbeitsplatz und setzt im Idealfall dort um, was man anderswo gelernt hat.

Coaching dagegen bezeichnet für uns das Lernen direkt am Arbeitsplatz:

Coaching bedeutet, einem Mitarbeiter etwas beizubringen, während er es gerade tut.

Es geht also erneut um Wissensvermittlung. Obwohl es auch hier darum geht, Kompetenz beim anderen aufzubauen, hatte das Thema „Coaching" in Kapitel S1 oder S2 keinen eigenen Platz. Dort ging es um „Anfänger", um Wissensvermittlung von Person A zu Person B; es ging nicht gerade um einen Monolog, aber doch um eine recht unidirektionale Kommunikation.

Coaching, wie ich die folgende Technik in Anlehnung an das kluge Video nennen möchte, zielt eher auf jemanden, der kein reiner „Anfänger" mehr ist. Coaching beschreibt weniger einen Monolog, es ist definitiv ein Dialog. Die Technik möchte neben der Wissensvermittlung die Mitarbeiter insgesamt stärker machen, sie zielt durch die Art der Kommunikation ähnlich wie oben beim „Ballspielen" auf das persönliche Empowerment der Mitarbeiter ab.

Coaching beschreibt also eine Führungstechnik, die Sie vorwiegend bei den guten, besseren und besten Ihrer Mitarbeiter anwenden – und zwar immer dann, wenn Sie ihnen helfen möchten, in irgendeinem Feld noch besser zu werden, oder wenn Sie möchten, dass diese Mitarbeiter sich weitere Kompetenzen aneignen.

Vorteile und Befürchtungen

Die Vorteile liegen auf der Hand: Indem ich einem Mitarbeiter helfe, etwas zu lernen, wird dieser besser in dem, was er tut. Er kann mir am Ende des Coaching die entsprechende Aufgabe abnehmen, ich werde entlastet. Im Idealfall funktioniert mein Team irgendwann vollkommen ohne mich – ich kann beruhigt in Urlaub fahren und muss mich beruflich gesehen auch nicht vor Krankheiten fürchten. Da das Coaching eine recht anspruchsvolle Methode ist, steigt auch die Zufriedenheit des gecoachten Mitarbeiters, da er spürbar eine Herausforderung zu bewältigen hat. Ist er erfolgreich – wobei ihn die Führungskraft entsprechend unterstützt –, steigen sein Selbstbewusstsein und der Spaß an der Arbeit.

Dennoch gibt es Einwände und Befürchtungen gegen diese Vorgehensweise. Der häufigste Einwand lautet: „Keine Zeit!" Tatsächlich erscheint das Verfahren, wie wir gleich sehen werden, aufwendiger, als wenn wir dem Mitarbeiter einfach kurz erklären, wie etwas zu erledigen ist. Kurzfristig sind wir ohne Coaching also schneller fertig.

Lassen Sie uns einmal nicht nur in der Gegenwart leben und die täglichen Brände löschen, sondern auch in die Zukunft schauen mit dem Ziel, die Brandgefahr mittelfristig zu verringern. Dann werden wir erkennen, dass Coaching die anfangs eingezahlte Zeit später wieder zurückbringt und vervielfältigt: Ab dem Tag, an dem Mitarbeiter Kunze die Aufgabe, die ich an ihn delegiere, selbstständig erledigen kann, muss ich mich um diese Aufgabe nicht mehr kümmern; ab diesem Tag spare ich Zeit.

Gelingt mir das mit vielen Themen und bei vielen Mitarbeitern, stärke ich die Fähigkeiten meines Teams, und meine Abteilung wird mehr und mehr in der Lage sein, Spitzenleistungen zu erbringen.

Ein anderer Einwand lautet „Bis ich das erklärt habe, habe ich es doch längst selbst gemacht" – das ist sachlich richtig, doch ein ganz ähnlicher Punkt wie „Keine Zeit": Nach diesem Argument dürften wir gar keine Aufgaben an andere abgeben, die wir selbst gut beherrschen. Wir sprachen schon im Kapitel „Delegieren" darüber: Eine zentrale Herausforderung jeder Führungskraft, die sich neu in ihrer Führungsposition befindet, liegt genau hier: Arbeit abzugeben, die bis heute selbst gemacht wurde. Das ist genau ihr Job, dafür wird sie seit ihrem Karriereschritt bezahlt.

Ein Einwand mit einem etwas anderen Fokus: „Niemand macht das so gut wie ich selbst!" Hier spricht der Perfektionist und Kontrollfreak. Selbst wenn es stimmen sollte, dass ich heute noch die Person bin, die Aufgabe X besser als alle anderen bewältigt – ich darf noch lange nicht auf meinem Wissen, und damit auch auf der Aufgabe, sitzen bleiben. Gerade hier liefert Coaching eine besonders wirkungsvolle Strategie, andere zu befähigen, Dinge ebenfalls sehr gut zu machen. Wie wir noch sehen werden, sind für den Kontrollfreak verschiedene Reißleinen und Grenzen eingebaut, durch die sichergestellt werden kann, dass der Mitarbeiter erst dann völlig freie Hand hat, wenn er tatsächlich auch so weit ist.

Im Lehrvideo mit John Cleese gibt es eine lustige Sequenz, in der die Führungskraft, die Coaching lernen soll, als vorletzten Einwand äußert: „Wenn meine Leute aber nachher so gut sind, dann kommen die aus den anderen Abteilungen und jagen sie mir ab?!" Das höre ich zwar im echten Leben nicht sehr häufig, aber gelegentlich taucht der Gedanke auf, dass man die guten Leute für andere fit macht ... als würde der FC Bayern München aus jedem Verein die besten Spieler wegkaufen. Im Video wird dieser Einwand mit der rhetorischen Gegenfrage beantwortet: „Was ist Ihnen denn lieber: ein Haufen inkompetenter Vollidioten, mit denen Sie sich täglich nur ärgern, oder eine Truppe begabter und fähiger Leute, die Sie entlasten und Spitzenleistungen abliefern?"

Zuletzt äußert ein Protagonist einen weiteren Einwand ähnlicher Kategorie: „Wenn alle meine Leute so toll sind und sie alles können, was ich kann – werde ich selbst dann nicht irgendwann absolut nutzlos erscheinen?" Dieses Argument wurde im Video wohl vor allem geliefert, damit man nicht sagen kann, dass es fehlt. Realistisch gesehen muss wohl kein Manager der heutigen Zeit befürchten, dass er sich mit dem Erschaffen eines Spitzenteams selbst überflüssig macht. Je besser sein Team funktioniert, desto mehr Zeit hat er für die eigentlichen Managementaufgaben.

. . . .

Übung
. . . .

Welche Aufgaben, um die Sie sich bisher selbst kümmern, wären mit ein wenig innerem Wagemut möglicherweise auch von einem Ihrer Mitarbeiter durchzuführen – vorausgesetzt, jemand würde die Aufgabe sauber erklären? Notieren Sie einige Aufgaben:

_____

_____

_____

_____

_____

. . . .

Die Schritte

Wenden wir uns also dem Coaching zu. Nehmen wir einmal an, wir haben eine Aufgabe ausgewählt, die wir bisher selbst erledigt haben und von der wir nun meinen, Mitarbeiterin Müller könnte sie mittelfristig übernehmen. Wir rufen sie zum Gespräch. Damit es nicht so abstrakt bleibt, machen wir aus Frau Müller wieder unseren Kellner Franz vom vorherigen Kapitel – und wir sind der Inhaber des feinen Restaurants.

Wir haben die offenen Punkte mit Kellner Franz geklärt, es ist ein halbes Jahr vergangen, und Franz hat sich bestens bewährt: Er ist inzwischen unsere rechte Hand, arbeitet sensationell im Restaurant mit und ist mittlerweile in allen einst kritisierten Zusammenhängen kompetent und engagiert. Da wir an zwei Tagen geschlossen haben und an den anderen fünf Tagen nur am Abend geöffnet, hat Franz aktuell keine Vollzeitstelle bei uns. Er möchte mehr arbeiten, um mehr zu verdienen, wir möchten ihn nicht verlieren, können aber nicht wegen Franz auch mittags öffnen, das wäre unrentabel. Hier zeichnet sich ein Dilemma ab.

Vor einigen Tagen hatten wir eine gute Idee: Uns ist eingefallen, dass Franz für uns die täglichen Einkäufe erledigen könnte. Das sind pro Arbeitstag weitere zwei Stunden, wir könnten Franz' Arbeitszeit also im Erfolgsfall um zehn Wochenstunden aufstocken. Zugleich sind wir selbst um diese Stundenzahl entlastet, was uns auf jeden Fall guttun würde.

1. Ziele benennen

Im ersten Schritt geht es darum, den Mitarbeiter ins Boot zu holen. Informieren Sie ihn darüber, weshalb Sie ihn zu sich gerufen haben; sagen Sie ihm, was das Ziel des heutigen Gesprächs ist. Wenn Sie der Meinung sind, dass Sie die zusätzlichen Kompetenzen nicht an einem Tag, sondern in einigen Zwischenschritten vermitteln möchten, dann nennen Sie dem Mitarbeiter zum einen das große Ziel am Ende der Gesprächsreihe, zum anderen auch das Ziel für das heutige Gespräch.

Prägen Sie sich diesen ersten Schritt gut ein! Das hört sich beim Lesen bestimmt selbstverständlich an, ist es aber nicht. Ich habe diese Systematik des Coaching in den letzten fünfzehn Jahren in einigen Hundert Seminargruppen erläutert, gezeigt und einüben lassen. Ungefähr jede dritte Führungskraft hat zum Beginn des Übungsgespräches mit einem Kollegen vergessen, das Ziel des Gesprächs klar zu benennen – was sich immer negativ auf den Gesprächsverlauf ausgewirkt hat.

Wenn man die Ziele nicht kennt, die das Gegenüber hat, dann tastet man sich mehr oder weniger durch Nebel und erkennt nur vage, was vor einem liegt. Das ist nicht hilfreich, und es ist zum Glück auch nicht nötig. Benennen Sie deshalb die Ziele!

Wenden wir uns kurz Franz zu, damit wir ein Gefühl für den Einstieg bekommen.

„Guten Morgen, Franz. Ich habe heute etwas Besonderes mit Ihnen vor. Dabei bin ich sehr gespannt auf Ihre Meinung. Sie haben mir ja schon einige Male gesagt, dass Sie gern mehr arbeiten würden als die fünf Abende von 18 bis 24 Uhr, wenn wir geöffnet haben. Vorgestern hatte ich eine Idee, wie wir das Thema vielleicht gut lösen könnten. Sie wissen ja, dass meine Schwiegermutter krank geworden ist und ich meine Frau gern etwas mehr unterstützen würde. Vielleicht schlagen wir zwei Fliegen mit einer Klappe. Was halten Sie davon, wenn Sie mir zukünftig die Einkäufe fürs Restaurant abnehmen würden? Das sind pro Tag vormittags eineinhalb bis zwei Stunden, die ich sparen würde und die Sie mehr arbeiten könnten."

„Wow, Chef, das klingt spannend, und auch super wegen der wzusätzlichen Stunden. Aber ich kenne mich doch nur mit Obst und Gemüse gut aus, nicht mit Fleisch und Fisch – ich weiß ja, wie viel Wert Sie auf die Qualität legen!"

„Das stimmt, Franz. Und es gibt noch einige weitere Dinge, die Sie berücksichtigen müssten, falls wir uns einig werden. Deshalb würde ich Sie gerne zu den Punkten, die Ihnen noch nicht geläufig sind, in den nächsten Wochen regelmäßig coachen. Haben Sie denn grundsätzlich Interesse an der neuen Aufgabe?"

„Natürlich, es wäre toll! Ich lerne immer gerne Neues!"

„Dann fangen wir gleich heute mit dem Coaching an, o.k.? Das mit der guten Qualität der Ware, das ist ein äußerst wichtiger Punkt bei uns, da haben Sie recht. Die wesentlichen Kriterien würde ich Ihnen gerne vor Ort in der Großmarkthalle zeigen, diese Woche beim Fleisch, nächste Woche beim Fisch, einverstanden? O.k. Heute würde ich gerne etwas anderes mit Ihnen erarbeiten, nämlich die Frage, wie Sie jeden Tag möglichst die richtigen Mengen einkaufen können."

In unserem Beispiel ist die Eröffnung recht ausführlich ausgefallen, weil wir Franz nicht nur etwas Neues beibringen, sondern auch noch das Angebot mit den zusätzlichen Stunden Arbeit machen wollten. Jetzt ist das Gesamtziel benannt, Franz soll künftig befähigt werden, die täglichen Restauranteinkäufe zu übernehmen, ebenso das Tagesziel, er soll heute lernen, wie er jeweils die richtigen Mengen einkauft. Wir können den nächsten Schritt gehen.

2. Das Entdecken fördern

Der folgende Schritt ist der Kern des Coaching, das ganze System dreht sich darum. Nachdem das Tagesziel benannt ist, sollen Sie nämlich nicht *erläutern*, wie Sie sich das alles so vorstellen mit dem Erledigen der neuen Aufgabe. Es geht vielmehr darum, dass Sie Ihren Mitarbeiter dabei unterstützen, *selbst* auf alle Punkte zu kommen, die für die Umsetzung der neuen Aufgabe nötig sind.

Wofür soll das gut sein? Es ist umständlicher, kostet also mehr Zeit – was bringt es? Es gibt Zahlen, die darauf hinweisen, dass man umso besser lernt, je mehr Sinne man verwendet. Wenn man etwas nur hört oder nur sieht, ist die Lernleistung offenbar fünf- bis achtmal schlechter, als wenn man etwas hört *und* sieht *und* anfasst *und* selbst macht (Whitmore, 2011). Allgemein gilt, dass Dinge sich besser einprägen, wenn man sie selbst aktiv bearbeitet, als wenn man sie nur passiv erlebt. Erinnern Sie sich an die Zeiten ohne Navigationssystem? Der aktive Fahrer hat eine neue Strecke bei der zweiten Fahrt meistens besser wiedergefunden als der passive Beifahrer.

Ein zweiter Grund für diesen Weg des Lernens liegt auf der Ebene der Motivation: Etwas selbst zu entdecken, macht mehr Spaß, denn immer, wenn man eine Erkenntnis hat, auf die man von selbst gekommen ist, wird im Gehirn Dopamin ausgeschüttet (Caspary, 2006). Dopamin ist ein Botenstoff, der für kleine Glücksgefühle sorgt und der außerdem auch eine besonders gute Lernumgebung im Gehirn herstellt. Praktisch ausgedrückt, macht diese Methode dem Lernenden mehr Spaß, und sie funktioniert besser. Ich brauche als Führungskraft zwar länger dafür, aber ich bewirke mehr damit.

Übrigens: Es gibt noch einen inhaltlichen und einen psychologischen Vorteil für diese Methode. Es kommt nämlich immer wieder vor, dass ein Mitarbeiter, der sich mit einer Aufgabe erstmals auseinandersetzt, Ideen entwickelt, auf die seine Führungskraft noch nie gekommen ist. Gute Ideen, wohlgemerkt. Einen zweiten Kopf zum Denken zu bringen und diesen nicht nur mit vorgefertigten Ideen vollzustopfen, ist also sehr nützlich, weil man dadurch mehr und bessere Ideen finden wird.

Welches ist der psychologische Vorteil? Die Ideen, die der Mitarbeiter zur Lösung der Aufgabe entwickelt, sind seine eigenen und nicht einfach das, „was der Chef will": Naturgemäß steht der Mitarbeiter hinter seinen eigenen Ideen viel stärker als hinter denen von anderen.

Dem Mitarbeiter dabei zu helfen, etwas selbst zu lernen, ist eine Kunst, die nicht jeder von Anfang an beherrscht. Im Wesentlichen besteht die Herausforderung darin, sich zum einen in den Mitarbeiter hineinzuversetzen: Was kann und weiß er schon, wie kann man geschickt daran anknüpfen? Zum anderen gilt es, die Balance zu finden zwischen zu allgemeinen Hinweisen, die nicht konkret genug sind, und zu konkreten Hinweisen, durch die der Coach am Ende doch alles selbst erklärt hat.

Das ist eine knifflige Aufgabe, sie klappt nicht sofort. Mein Sprachbild dafür ist, dass die Führungskraft dem Mitarbeiter überall dort, wo er Neuland betreten soll, Brücken baut. Die Führungskraft gibt Hinweise zur Lösung des Rätsels, aber sie löst das Rätsel nicht. Um dies zu illustrieren, wenden wir uns wieder Franz zu:

„Gut, Franz, dann lassen Sie uns heute also gemeinsam überlegen, wie Sie zu Ihrem Einkaufszettel kommen. Woher bekommen Sie die Vorgaben für die Waren, und wie entscheiden Sie über die Mengen, die an jedem Tag gekauft werden müssen?"

„Ich denke doch, von Ihnen, Chef?"

„Franz, wenn Sie mich doch *entlasten* sollen vom Einkaufen? Was meinen Sie, wie ich selbst wohl bisher meinen Einkaufszettel erstellt habe? Ganz alleine?"

„Oh! Besprechen Sie das mit Karl? Dem Koch? Das würde natürlich Sinn ergeben ... Karl weiß ja am besten, wie viel man wovon für welches Gericht braucht ... hm, ja, und Karl weiß auch, was er vom Vortag noch im Kühlschrank hat. Und ob ihm gerade irgendein Grundnahrungsmittel ausgeht, Zucker oder Mehl oder Salz oder ein Gewürz ... – das alles weiß Karl eher als jemand sonst, stimmt! Also gehe ich jetzt jeden Morgen zu Karl, der sagt mir dann, was und wie viel ich einkaufen soll, richtig?"

„Beinahe, Franz. Karl hat den Überblick über die Küche und die Lebensmittel, da haben Sie absolut recht, prima. Trotzdem habe ich bisher nicht Karl zum Einkaufen geschickt, sondern ich habe es selbst gemacht. Was glauben Sie, ist noch wichtig?"

„Ich komme da auf nichts, Herr Groß. Ich bekomme die Liste mit den Sachen und den Mengen – was fehlt noch? Neue Töpfe brauchen wir ja nicht dauernd?"

„O.k., Franz. Was bekommt Karl in der Küche erst mit, wenn es schon zu spät ist, um einzukaufen? Was wisst ihr vorne im Restaurant schon einige Zeit *vor* der Küche?"

„Hm. Wie draußen das Wetter ist? Aha, ich habs: Wir wissen, wie viele Gäste kommen! Weil wir ja vorn bei uns das Reservierungsbuch haben!"

„Perfekt, Franz. Wie gehen Sie also vor, um an Ihren Einkaufs-zettel zu kommen?"

„Ich schaue zuerst in das Buch; dort steht, wie viele Gäste am Abend kommen werden. Dann gehe ich zu Karl, sage ihm das, er kann daraus ableiten, wie viel Fleisch, Fisch, Gemüse, etc., wir be-nötigen – dann habe ich meine Liste und marschiere los."

„Prima, Franz; jetzt brauchen wir nur noch einen weiteren Punkt, damit es reibungslos funktioniert – auch in den Sonderfäl-len ... Franz, welche schöne Überraschung, über die wir uns immer auch freuen, darf sich nicht durch einen falschen Einkauf zu einer bösen Überraschung verwandeln?"

„Schöne Überraschung, böse Überraschung? Sie meinen wohl, falls mal Tische frei bleiben, mittwochs oder donnerstags ist das ja oft der Fall, und ich würde nur so viel einkaufen, wie wir an Gästen erwarten, oder? Dann müssten wir Gäste, die spontan kommen, im schlimmsten Fall abweisen, obwohl Tische frei wären, weil wir kei-ne Ware mehr da haben."

„Richtig! Das wäre total schädlich für unser Lokal."

„Also muss ich immer etwas mehr Ware einkaufen, als Karl sagt, meinen Sie das? Aber wie viel denn?"

„Gut überlegt, Franz, genau das ist der Punkt. Wir möchten nie-mand wegschicken, deshalb brauchen wir auch an den dünneren Tagen immer etwas Puffer. Als Erfahrungswert kann man sagen, dass man mittwochs und donnerstags für jeden nicht reservierten Tisch durchschnittlich 1,5 Personen dazurechnen soll, das hat sich über die Jahre bewährt."

Worauf kam es bei diesem Gespräch aus der Perspektive des Coachs bisher an? Welche Eigenschaften sind wichtig und welches Verhalten? Zuallererst: Klappe halten und zuhören. Der Coach muss dem Coa-chee, demjenigen also, der gerade lernt, aufmerksam zuhören, denn es geht ja, wie beschrieben, darum, sich in diesen anderen hineinzu-versetzen. Lernende benötigen unterschiedlich lange, um auf ihre Ideen zu kommen. Es stellt für die Führungskraft, die oft wenig Zeit hat und die zugleich genau weiß, wie etwas gemacht werden soll, eine ordentliche Herausforderung dar, dem Mitarbeiter in dessen Denk-pausen nicht reinzureden, sondern abzuwarten, bis der von selbst zu seiner Erkenntnis oder zu seiner nächsten Frage gekommen ist. Ausreden lassen, wenn man selbst die Antwort schon kennt, ist nicht für jeden leicht.

Die zweite Technik, die in dieser Phase des Gesprächs wichtig werden kann, ist diese: Zeigen Sie wenn nötig die Konsequenzen auf. Erinnern Sie sich an S1, an die vier Stufen der Kompetenzentwicklung? Es ist wichtig, einem Mitarbeiter nicht zu signalisieren, „Nein, Blödsinn, geht doch nicht!", sondern ihn selbst merken zu lassen, wenn er sich in eine Sackgasse manövriert hat. Die im genannten Kapitel beschriebene Technik können wir hier ebenfalls verwenden: Wenn eine Idee des Gecoachten nicht funktionieren kann und Sie das wissen, dann fragen Sie ihn, welche Konsequenzen es hätte, wenn man den Vorschlag 1:1 umsetzen würde.

Fragen Sie nach den Konsequenzen, ob in der Zeit oder im Raum, also in der Zukunft oder in der Nachbarabteilung, je nachdem, wo Sie die negativen Folgen erwarten. Im Beispiel von Franz hat Restaurantinhaber Groß die Frage nach den nicht so gut besuchten Abenden ganz dezent gestellt: Wie wären die Konsequenzen mittwochs und donnerstags, wenn man nur einkaufen würde, was an Reservierungen im Buch steht? Franz konnte die Frage beantworten und wurde somit nicht belehrt, sondern hatte ein Erfolgserlebnis.

Schließlich kann es manchmal auch sinnvoll sein, unseren Coachee an unseren eigenen Erfahrungen teilhaben zu lassen. Viele Führungskräfte tun sich damit schwer – offenbar denken sie, dass sie perfekt sein müssten, damit ihre Mitarbeiter sie respektieren. Respekt bekommen doch eher diejenigen Persönlichkeiten, die in der Lage sind, auch zu ihren Fehlern zu stehen. Ich erinnere mich an eine Situation, in der ich einen Kollegen gecoacht habe, der für einen Vortrag fast 30 Powerpoint-Folien erstellt hatte. Er war ganz begeistert von den vielen schönen Animationen, die er eingebaut hatte, und sehr stolz darauf. Ich habe ihm von einem eigenen Vortrag auf einem Kongress berichtet, den ich vor 250 Menschen halten durfte; bei diesem Vortrag stellte es sich als deutlicher Nachteil für mich heraus, dass ich viele raffiniert animierte Folien vorbereitet hatte. Dies hat mich in meiner Flexibilität eingeschränkt, und es hat die Zuhörer immer wieder von mir abgelenkt und zur Leinwand hin orientiert – was nicht gut war. Der Kollege hat mir zugehört, hat sich in meine Lage versetzt, mit mir mitgelitten – und daraufhin seine eigenen Unterlagen an einigen Stellen verändert.

3. Grenzen setzen

„Große Klasse, Chef – ich geh gleich morgen früh mal los, Sie müssen sich ab jetzt um nichts mehr kümmern!"

Gastwirt Groß würde ordentlich zusammenzucken, wenn Franz am Ende des ersten Coaching so motiviert wäre, dass er gleich den ganzen Einkauf übernehmen wollte. Es gehört zu einem stufenweisen Lernprozess dazu, dem Mitarbeiter nach jedem Schritt klare Grenzen zu setzen: Bis hierhin, und nicht weiter. Wir geben ja nicht nur Arbeit ab, wir geben auch Kontrolle aus der Hand. Indem wir in der Übergangszeit genau definierte Grenzen setzen, sorgen wir dafür, dass die Situation nicht entgleisen kann.

Hätte Franz diesen Satz zu Herrn Groß gesagt, hätte er vielleicht zur Antwort bekommen:

„Moment, Franz. Lassen Sie uns in Ruhe die nächsten Schritte durchdenken. Was genau werden Sie tun?"

„Na, Herr Groß, wie besprochen werde ich zu Karl gehen, mit ihm gemeinsam den Einkaufszettel für morgen besprechen und dann alles entsprechend einkaufen."

„Hören Sie, Franz, Ihr Engagement ist wie immer beeindruckend. Da Sie etwas ganz Neues übernehmen, würde ich aber gerne ein paar Zwischenstufen einplanen. Dazu gehört, dass wir den Einkaufszettel, den Sie mit Karl erstellen, zunächst einmal gemeinsam besprechen, bevor Sie damit auf den Markt gehen. Ich würde ihn gerne sehen, und ich würde mir dann auch gerne von Ihnen erklären lassen, wie die Positionen und die Mengen zustande gekommen sind. Weiter hatten Sie ja selbst gesagt, dass Sie sich in Bezug auf Fleisch und Fisch noch nicht gut auskennen. Deshalb ist mein Vorschlag, dass wir mit dem Zettel morgen gemeinsam den Markt besuchen und vor Ort die nächste Coaching-Situation angehen, wenn wir beim Metzger und beim Fischhändler die Ware auswählen."

Mit dieser Grenze ist sichergestellt, dass Franz den Schritt, den er heute gelernt hat, gehen kann – aber dass er vor den weiteren Schritten erst mit seiner Führungskraft abgleicht, wie gut er den ersten Schritt umgesetzt hat. Schließlich bauen die nächsten Schritte auf diesem ersten auf, Fehler am Anfang würden sich später potenzieren. Und selbst wenn sein Zettel morgen stimmt, kennt sich Franz mit Fleisch und Fisch noch nicht genügend aus.

4. Autorisieren und Ermächtigen

Was wird geschehen, wenn morgen früh Franz anstelle von Herrn Groß in der Küche aufkreuzt und den Koch nach seiner Bestellung für den nächsten Tag ausfragt? Wird Karl alles ohne Weiteres mit Franz besprechen, was er in den letzten Jahren mit Herrn Groß besprochen hat? Kann sein, muss nicht sein. Deshalb ist es sinnvoll, wenn Herr Groß Franz' Besuch in der Küche ankündigt und die Veränderung dem Koch selbst mitteilt. Sonst kann es unnötige Reibereien und Querelen geben: „Davon weiß ich nichts" ist die harmlose, „Du hast mir gar nichts zu sagen" die aggressivere Reaktion. Ohne eine entsprechende Ermächtigung des Mitarbeiters durch die Führungskraft wird dieser gelegentlich in offene Messer laufen – das kann man durch diesen kleinen Zwischenschritt vermeiden.

Franz' erste Anlaufstelle in seiner zusätzlichen Rolle ist also der Koch. Haben Sie eine Idee, wem gegenüber man Franz noch autorisieren sollte? Denken Sie an die verschiedenen Lieferanten auf dem Markt: Vermutlich rechnet Herr Groß als täglicher Kunde wöchentlich ab, er kauft also ohne Bargeld ein. Wenn Franz dort auftaucht und für 500 Euro Ware kaufen möchte, ist es gut, wenn vorher schon besprochen wurde, dass das alles seine Richtigkeit hat. Wenn beide ohnehin wegen der „Warenkunde Fleisch und Fisch" gemeinsame Besuche auf dem Markt machen, kann Herr Groß den Hinweis gleich bei dieser Gelegenheit platzieren.

5. Zusammenfassen lassen

Dieser Schritt steht am Ende jeder Lerneinheit: Lassen Sie das, was Sie dem Mitarbeiter vermittelt haben, zusammenfassen, und zwar von ihm selber! Wir haben schon bei S1 gesehen: Nur wenn wir den gelernten Stoff zusammenfassen lassen, haben wir die Kontrolle darüber, dass das, was wir zu sagen glaubten, auch in unserem Sinn verstanden wurde. Hat der Mitarbeiter an alles gedacht, oder ist ihm die eine oder andere Überlegung entgangen? Hören Sie ihm bei seiner Zusammenfassung aufmerksam zu.

Lassen wir Herrn Groß bei der Planung für den nächsten Tag noch nachhaken:

„Franz, gehen Sie denn tatsächlich zuallererst zum Koch?"
„Ja klar, wieso?"
„Na ja, weil doch der Einkaufszettel in Zusammenarbeit von Karl und Ihnen entstehen sollte – welches war denn *Ihr* Beitrag zur Bestellung? Denken Sie an die Bestell*mengen!*"
„Verflixt, richtig. Ich schaue zuerst in unserem Reservierungsbuch im Restaurant, wie viele Reservierungen wir für den Folgetag haben – und gehe dann zu Karl!"
„Sehr gut – und welchen Sonderfall hatten wir besprochen?"
„Wenn wir nicht ausgebucht sind; dann zähle ich für jeden freien Tisch 1,5 Gäste dazu, weil sich diese Zahl bewährt hat."
„Wunderbar, Franz, und nach der Besprechung mit Karl, was tun Sie dann mit der fertigen Liste?"
„Dann komme ich zu Ihnen, Herr Groß, wir gehen sie zusammen durch – und danach marschieren wir gemeinsam auf den Markt, zum Einkaufen und zum Lernen. Da freue ich mich schon drauf!"
„Ich mich auch, Franz – bis morgen dann!"

Sind Sie Kontrollfanatiker und Perfektionist? Sie haben es bestimmt bemerkt, Sie haben zwei Eingreifmöglichkeiten in den fünf Schritten des Coachingprozesses: zum einen bei Punkt 3, dem Ziehen der Grenzen. Und später noch einmal bei Punkt 5, beim Zusammenfassenlassen. An beiden Stellen können Sie überprüfen, ob Ihr Mitarbeiter die wichtigsten Dinge verstanden hat, und steuern, bis wohin er sie schon umsetzen darf.

Übung

Sie haben bereits verschiedene Aufgaben notiert, die Sie womöglich delegieren könnten; wählen Sie eine davon aus und notieren Sie die fünf Schritte des Coaching im Einzelnen. Wie gehen Sie vor?
1. Ziele definieren (heutiges Gespräch und Gesamtprozess)
Legen Sie die Ziele fest: für sich und für die Klärung gegenüber dem Mitarbeiter:

2. Das Entdecken des Mitarbeiters fördern:
Was genau soll der Mitarbeiter im kommenden Gespräch entdecken? Und wie (Struktur, Fragen?) wollen Sie ihm dabei helfen?

Denken Sie außerdem bei der praktischen Durchführung daran:
  aktiv zuzuhören
  Konsequenzen aufzuzeigen
  eigene Erfahrungen mitzuteilen, z. B.

---

3. Grenzen setzen
Bis wohin soll es in diesem Gespräch gehen? Wo sind die Grenzen?

---

4. Autorisieren und ermächtigen
Wen möchten Sie ggf. worüber ins Bild setzen, um Ihrem Mitarbeiter den Weg zu ebnen? Was möchten Sie ankündigen? Was sagen Sie Ihrem Mitarbeiter darüber?

---

5. Zusammenfassen lassen
Denken Sie auch an die Zusammenfassung des Besprochenen, und denken Sie vor allem daran, wer das Ganze zusammenfassen soll!

....

Zusammenfassung

Nach Abschluss der Gedanken zum Situativen Führen wird der Werkzeugkasten für die Führungskraft noch ergänzt um ein praktisches und im Alltag oftmals enorm hilfreiches Werkzeug: das Prinzip des Coaching. Abgegrenzt von allen nur denkbaren Spielarten des Coaching soll es hier bedeuten: Jemandem etwas beibringen, während er es gerade tut – anders als im Training, wo man im Allgemeinen außerhalb der Arbeit Dinge lernt, die man später bei der Arbeit anwenden möchte.

Das hier vorgestellte Prinzip dient dazu, die Kompetenz bereits fähiger Mitarbeiter weiter zu steigern. Anstelle des allgemein üblichen Beibringens durch Erklären geht das Coaching einen anderen Weg. Das Lernen ist vorwiegend Lernen durch Entdecken von Regeln und Zusammenhängen.

Zunächst ist das Ziel des Coaching deutlich zu machen, damit der Mitarbeiter das, was folgt, besser einordnen, verstehen und behalten kann.

Im Kern kommt dann das geschilderte Lernen durch Entdecken: Die Führungskraft hilft dem Mitarbeiter durch geschicktes Fragen und, wo notwendig, durch das Bauen von Brücken, selbst herauszufinden, wie eine Aufgabe gemacht werden soll. Dabei hört die Führungskraft aufmerksam zu, berichtet, wenn es sinnvoll ist, von eigenen Erfahrungen und auch Fehlern, aus denen man lernen kann, und hilft dem Mitarbeiter durch das Aufzeigen von Konsequenzen, Sackgassen des eigenen Denkens rechtzeitig zu erkennen.

Ist eine Lerneinheit abgeschlossen, muss der Mitarbeiter zur konkreten Erfüllung des Aufgabenschritts ermächtigt werden. Wenn notwendig muss die Führungskraft ihn zudem an relevanten Schnittstellen offiziell autorisieren, damit er dort angemessen unterstützt wird.

Bevor dies geschieht, klären beide die Grenzen: Bis wohin darf der Mitarbeiter in Bezug auf sein neues Aufgabenfeld schon gehen, und welcher Schritt muss erst noch mit der Führungskraft abgestimmt werden, bevor er ihn selber geht? Diese Klärung gibt beiden Parteien Sicherheit.

Zum Schluss wird der Mitarbeiter das, was er verstanden hat und was er nun tun wird, mit eigenen Worten zusammenfassen. Auch hier hat die Führungskraft die Möglichkeit, zu überprüfen, dass die Umsetzung erfolgreich verlaufen wird.

Gegen alle Regeln: Erweiterung des Blicks

Die wichtigsten Überlegungen, die Ihnen helfen, im Führungsdschungel zurechtzukommen, sind nun abgeschlossen. Sie sind in der Lage, Ihre Mitarbeiter rasch und präzise einzuordnen, und Sie können Ihren Führungsstil für jeden Mitarbeiter und für jede Aufgabenstellung anpassen. Damit wird es Ihnen gelingen, das zu tun, was benötigt wird, damit Ihr Team sich positiv entwickelt: die Kompetenzen erweitern, das Engagement vergrößern und jeden Einzelnen immer weiter an den Topmitarbeiter, E4, heranführen.

Wenn Sie mögen, können Sie deshalb an dieser Stelle mit der Lektüre aufhören. Sie sind als Führungskraft arbeitsfähig.

Was ich Ihnen in diesem Kapitel noch liefern werde, ist zweierlei. Zum einen wäre es schade, wenn Sie von nun an Ihre Mitarbeiter gut entwickeln, diese immer besser würden, dann aber entscheiden würden, zu gehen. Der erste Teil des Kapitels wendet sich deshalb der Frage zu, was gute Mitarbeiter an ein Unternehmen bindet. Das Thema tauchte in Verbindung mit dem E4-Mitarbeiter schon einmal auf, es wird hier aber von einer zusätzlichen Warte aus gründlich beleuchtet.

Zum anderen werden wir einige Überlegungen anstellen, die dem Vorgehen des Situativen Führens in einem Teilbereich widersprechen. Das wäre nicht schlimm – wenn es nicht die Überlegungen der „besten Führungskräfte der Welt" wären. Das eben erst gemeinsam errichtete Gebäude des Situativen Führens erhält gewissermaßen in den obersten Stockwerken einen Umbau. Sie müssen also im zweiten Teil des Kapitels damit rechnen, einen der prinzipiellen Ansätze des Situativen Führens zu relativieren. Während der Ansatz innerhalb des erarbeiteten Modells prinzipiell immer gilt, gilt er für die besten Führungskräfte nur eingeschränkt.

Wenn ich am Ende eines Seminars von diesem erweiterten Blickwinkel berichte, reagiert der eine oder andere Teilnehmer fast ärgerlich: Ich hätte ihn zum Schluss hin noch durcheinandergebracht. Gerade sei alles so schön klar gewesen – und jetzt sei da ein Widerspruch. Nun, durch Chaos kann neue Ordnung entstehen, daher bin ich zuversichtlich, dass Sie auf lange Sicht damit klarkommen und insgesamt davon profitieren. Eine zusätzliche Perspektive verbessert den Erkenntnisgewinn, mit zwei Augen sieht man besser, in diesem Sinn soll dieses letzte Kapitel wirken.

Meine Quelle für die beiden Teile des Kapitels ist ein Buch, das mein eigenes Wissen und Denken über Mitarbeiterführung in den letzten zehn Jahren deutlich erweitert hat. Es heißt „Erfolgreiche Führung gegen alle Regeln: Wie Sie wertvolle Mitarbeiter gewinnen, halten und fördern" von Marcus Buckingham und Curt Goffman (2012). Beide Autoren waren Mitarbeiter der Gallup Organization in Washington, eines der führenden Markt- und Meinungsforschungsinstitute der Welt. Sie führen schon seit den Dreißigerjahren zu verschiedenen Themen Befragungen durch.

Buckingham war Leiter eines Forschungsprojektes, das nach den wesentlichen Merkmalen guter Führungskräfte suchte und nach den wesentlichen Merkmalen guter Arbeitsplätze. Die Ergebnisse dieser Studien zu schildern und ihre Konsequenzen für den Führungsalltag zu erörtern, ist das Ziel dieses letzten Kapitels.

Bindung guter Mitarbeiter?

Im Zusammenhang mit E4-Mitarbeitern stellt sich die Frage: Was kann ich als Führungskraft tun, um meine besten Mitarbeiter zu halten? Muss ich immer besser bezahlen als alle anderen? Was ist, wenn ich das nicht kann? Sind sie dann automatisch weg?

Das Gallup-Institut hat zu diesem Thema eines der größten Forschungsprojekte der Welt aufgezogen. Die Frage lautete: Was zeichnet aus Sicht eines Spitzenmitarbeiters einen Spitzenarbeitsplatz aus? Um das zu klären, hat Gallup in 25 Jahren weltweit über eine Million Arbeitnehmer befragt. In der ersten Phase haben sie jedem Befragten über hundert verschiedene Fragen gestellt, um alle nur denkbaren

Aspekte eines Spitzenarbeitsplatzes abzubilden. Die Antworten auf diese große Zahl von Fragen haben die Forscher dann mit wissenschaftlichen Methoden analysiert, die ich hier nicht schildern möchte.

Es genügt, wenn wir uns die Zielrichtung der Analysen verdeutlichen; diese lautet: Welche Fragen beantworten Menschen, die an einem Toparbeitsplatz arbeiten, anders als Menschen, die an weniger guten Arbeitsplätzen arbeiten?

Weiterhin galt es, herauszufinden, welches die besten Mitarbeiter in den verschiedenen untersuchten Unternehmen waren. Dazu hat Gallup zum einen eine Reihe von Kennziffern für jeden Mitarbeiter erfasst; zum anderen haben sie die Vorgesetzten gefragt: „Welchen Ihrer Mitarbeiter würden Sie am liebsten klonen?" Diese Mitarbeiter, und deren Antworten, wurden verglichen mit den Antworten der übrigen Mitarbeiter.

Als alle Untersuchungen beendet sind, stellen die Forscher fest: Die Fragen, die von den beiden Arbeitnehmergruppen am unterschiedlichsten beantwortet werden, je nachdem, ob sie sich an einem sehr guten Arbeitsplatz befinden oder nicht, sind die folgenden zwölf Fragen auf einer Skala von „1: trifft überhaupt nicht zu" bis „5: trifft vollkommen zu":

1. *Weiß ich, was bei der Arbeit von mir erwartet wird?*
2. *Habe ich die Materialien und die Arbeitsmittel, um meine Arbeit richtig zu machen?*
3. *Habe ich bei der Arbeit jeden Tag die Gelegenheit, das zu tun, was ich am besten kann?*
4. *Habe ich in den letzten sieben Tagen für gute Arbeit Anerkennung und Lob bekommen?*
5. *Interessiert sich mein/e Vorgesetzte/r oder eine andere Person bei der Arbeit für mich als Mensch?*
6. *Gibt es bei der Arbeit jemand, der mich in meiner Entwicklung unterstützt und fördert?*
7. *Habe ich den Eindruck, dass bei der Arbeit meine Meinung und meine Vorstellungen zählen?*
8. *Geben mir die Ziele und die Unternehmensphilosophie meiner Firma das Gefühl, dass meine Arbeit wichtig ist?*
9. *Sind meine Kollegen bestrebt, Arbeit von hoher Qualität zu leisten?*
10. *Habe ich innerhalb der Firma einen sehr guten Freund?*

11. Hat in den letzten sechs Monaten jemand in der Firma mit mir über meine Fortschritte gesprochen?

12. Hatte ich bei der Arbeit Gelegenheit, Neues zu lernen und mich weiterzuentwickeln?

Quelle: Buckingham & Goffman, 2012

Die radikale Schlussfolgerung lautet: Wenn Sie gute Mitarbeiter dauerhaft binden möchten, dann achten Sie darauf, dass die Menschen, die in Ihrem Verantwortungsbereich arbeiten, allen zwölf Fragen mit 5 von 5 Punkten zustimmen!

Wenn Sie diese Fragen genau anschauen, wird Ihnen auffallen, dass sie sehr extrem formuliert sind. Dafür gibt es einen guten Grund: Fragen, die schwächer formuliert sind, werden *sowohl* an den Toparbeitsplätzen *wie auch* an den weniger guten Arbeitsplätzen gelegentlich mit 5 Punkten beantwortet. Nur bei extremen Formulierungen trennte sich die Spreu vom Weizen. „Habe ich in der Firma einen sehr guten Freund?" wird offenbar an den besten Arbeitsplätzen regelmäßig bejaht, an den schwächeren dagegen nicht. Deshalb wurden die schwachen Fragen über die Jahre hinweg nach und nach ausgesondert, bis nur noch diese zwölf „extremen" Fragen übrig geblieben sind.

Was fällt Ihnen sofort auf, wenn Sie die Fragen durchschauen? *Keine* hat mit dem Arbeitslohn zu tun!

Keine hat mit Zusatzleistungen zu tun, keine mit dem Vorhandensein oder der Größe des Dienstwagens! Auch Aspekte, die sich auf die Unternehmensführung beziehen, verschwanden im Lauf der Untersuchung mehr und mehr aus dem Blick. Vorsicht: Das bedeutet nicht, dass sie keine Rolle spielen – das bedeutet, dass diese Punkte von allen Befragten ähnlich beantwortet wurden. Denken Sie an Herzbergs Zwei-Faktoren-Theorie: Die Hygienefaktoren werden nur bedeutsam, wenn sie schlecht erfüllt sind – wesentlich dafür, gerne zu arbeiten, sind andere Faktoren.

Anschließend untersuchten die Forscher eine weitere Fragestellung: Würden die Antworten auf die zwölf Fragen in Zusammenhang zu bringen sein mit harten Unternehmenskennziffern, oder würden sie nur weiche Aspekte wie Mitarbeiterzufriedenheit widerspiegeln?

Zu diesem Zweck führten sie eine groß angelegte Metastudie durch – eine Studie also, in der Ergebnisse verschiedener Einzelstudien gemeinsam ausgewertet werden.

Konkret haben die Gallup-Forscher Daten von insgesamt 24 verschiedenen Unternehmen aus zwölf verschiedenen Branchen zusammengefasst. Dabei wurden mehr als 2500 Geschäftseinheiten (zum Beispiel Filialen eines Unternehmens) untersucht und verglichen, über 100 000 Mitarbeiter beantworteten die zwölf Fragen. Gleichzeitig wurden für jede Geschäftseinheit vier harte Faktoren gemessen, die für jedes Unternehmen maximale Relevanz besitzen: Produktivität. Rentabilität. Fluktuation. Kundenzufriedenheit.

Welches waren die wesentlichen Ergebnisse?
1. Es bestand ein sehr hoher Zusammenhang zwischen der mit den zwölf Fragen erfassten Mitarbeiterzufriedenheit und den vier zentralen Erfolgskategorien. Je höher die erfasste Zufriedenheit in einer Geschäftseinheit war, desto niedriger war also die Fluktuation in dieser Geschäftseinheit. Desto höher waren zugleich auch die gemessenen „hard facts" Produktivität, Rentabilität und Kundenzufriedenheit!
2. Dieser Zusammenhang war in allen 24 untersuchten Unternehmen zu finden; es zeigte sich darüber hinaus: Innerhalb des gleichen Unternehmens bestanden große Unterschiede zwischen verschiedenen Geschäftseinheiten. Zwei Bankfilialen in der gleichen Stadt, zwei Lebensmittelfilialen in zwei benachbarten Städten, die in allen möglichen Faktoren wie Größe, Fläche, Mitarbeiterzahl ähnlich waren, konnten völlig unterschiedliche Kennziffern aufweisen und völlig unterschiedliche Mitarbeiterzufriedenheit.
3. Daraus folgt unmittelbar: Schlüssel für einen starken und produktiven Arbeitsplatz ist nicht das Unternehmen, ist nicht die Region – verantwortlich für gute Kennzahlen ist immer der unmittelbare Vorgesetzte der jeweiligen Geschäftseinheit!

Einige weitere Ergebnisse lauten:
1. Jede der zwölf Fragen oben korrelierte („hing zusammen mit") in der Metastudie mit mindestens einem der vier Erfolgskriterien!
2. Produktivität korrelierte mit zehn der zwölf Fragen!
3. Rentabilität korrelierte immer noch mit acht der zwölf Fragen!

4. Fluktuation korrelierte besonders mit den Fragen 1., 2., 3., 5. und 7. – dies sind die am deutlichsten auf den Vorgesetzten bezogenen Fragen!

5. Mit besonders vielen Erfolgskriterien korrelierten die Fragen 1. bis 6.!

Die Autoren fassen diese Ergebnisse markant zusammen:

> *„ Mitarbeiter verlassen nicht Unternehmen –*
> *sie verlassen Vorgesetzte!"*

Noch einmal also der Hinweis: Möchten Sie ein guter Vorgesetzter sein, so achten Sie darauf, dass Ihre Mitarbeiter die Fragen 1. bis 12., insbesondere die Fragen 1. bis 6., möglichst positiv beantworten. Nicht, weil Sie dann eine hübsche Beurteilung bekommen. Die Untersuchungen zeigen vielmehr, dass mit jeder der Fragen, die nicht mit „5: trifft vollkommen zu" bejaht werden, die harten Kennziffern in Ihrem Verantwortungsbereich schlechter werden!

Positiv formuliert: Mitarbeiter, die diese Fragen eindeutig und mit Überzeugung bejahen können, sind produktiver, sie steigern die Rentabilität, sie sorgen für zufriedene Kunden – *und* sie bleiben bei Ihnen.

Geheimnisse der besten Führungskräfte der Welt

Haben Sie die Erkenntnisse der oben geschilderten Gallup-Studien fasziniert? Das kann ich verstehen. Wenn Sie jetzt begierig den zweiten Teil des Blanchard ergänzenden Kapitels lesen möchten, will ich Sie dennoch warnen: Tun Sie es nur, wenn Sie gefestigt sind und in sich ruhen: Wie ich weiter vorne geschrieben habe, stehen nämlich die Informationen der nächsten Seiten einigen Gedanken, die aus dem Blanchard-Ansatz folgen, deutlich entgegen. Lesen Sie also nur dann weiter, wenn Sie gut mit Ambiguität, mit Mehrdeutigkeit, zurechtkommen.

Um diesen Widerspruch nicht übermäßig zu dramatisieren: Hielte ich die folgenden Widersprüche für unauflösbar, hätte ich sie hier nicht präsentiert. Vielleicht hätte ich dann das ganze Buch nicht geschrieben. Ich *habe* es geschrieben, und ich liefere Ihnen auch die folgenden Gedanken ganz bewusst, weil sie das Situative Führen sinnvoll *ergänzen*. Wenn es sich ein wenig reibt, genießen Sie einfach das Kitzeln im Gehirn, das entsteht, wenn man zum Nachdenken gebracht wird. Also. Die Gallup-Forscher haben sich noch einer weiteren Frage zugewandt. Die große Fragestellung der Untersuchungsreihe zielte ja darauf ab, was die besten Führungskräfte der Welt tun, um die besten Mitarbeiter für sich zu finden, zu entwickeln, und zu halten. Mit dem Thema „Halten" haben wir uns ja gerade schon beschäftigt. In ergänzenden Ausführungen wird erörtert, ob man die Topleute immer nur mit Geld und/oder Karriere belohnen kann und muss. Die Antworten sind inspirierend, aber das würde jetzt zu weit führen. Wie genau die besonders erfolgreichen Führungskräfte ihre Mitarbeiter *finden* und wie sie schon bei der Auswahl dafür sorgen, dass sie „die besten" bekommen, ist ebenfalls ein eigenes großes Thema und würde den Rahmen dieses Buches sprengen. Um Sie ein wenig zu provozieren, erwähne ich hier nur so viel: Gallup hat herausgefunden, dass die besten Führungskräfte der Welt dreimal so viel Zeit in die Suche nach den besten Mitarbeitern investieren wie die übrigen Führungskräfte ...

Damit bleibt noch die Frage offen: Wenn die guten Leute einmal da sind, was können wir tun, um ihre Entwicklung zu unterstützen und zu fördern? Darauf hat dieses Buch bis hierher umfangreich Auskunft gegeben: Im Ansatz des Situativen Führens stufen wir unsere Mitarbeiter entsprechend ihrem Entwicklungsstand für jedes wesentliche Aufgabengebiet ein. Dann geben wir ihnen Unterstützung in Bezug auf das, was ihnen noch fehlt: Wir kümmern uns um den Aufbau ihrer Kompetenz bzw. locken, wenn nötig, mit unterschiedlichen Strategien mehr Engagement aus ihnen heraus. Wir kümmern uns überall dort, wo der Entwicklungsstand des Mitarbeiters noch nicht E4 ist, darum, diesen Mitarbeiter zu E4 hin zu entwickeln. Korrekt?

Ich mag diese Vorgehensweise, ich baue meine Führungsseminare seit über zwanzig Jahren auf ihr auf. Ich erlebe sie als einfach, lösbar, pragmatisch, anwendbar, wirkungsvoll. Viele Tausend Seminarteilnehmer haben diese Einschätzung geteilt. Gerade deshalb hat mich die Antwort auf eine einfache Frage, als ich sie zum ersten Mal gelesen habe, und die Schärfe der Aussage darin zunächst ordentlich durchgeschüttelt.

Nähern wir uns der Frage erst einmal in Form einer Übung:

Notieren Sie alle Mitarbeiter, die Sie direkt führen, untereinander in der linken Tabelle; ordnen Sie sie dabei so an, dass Sie den besten Mitarbeiter ganz oben eintragen, den zweitbesten darunter und so weiter. Notieren Sie direkt danach alle Mitarbeiter erneut, dieses Mal in der rechten Tabelle. Ordnen Sie sie jetzt so an, dass Sie ganz oben den Mitarbeiter notieren, mit dem Sie am häufigsten zu tun haben; darunter den, mit dem Sie am zweitmeisten Zeit verbringen – bis ganz unten der Mitarbeiter steht, mit dem Sie am wenigsten Zeit verbringen. Fertig? Folgendes ist der dritte Schritt: Verbinden Sie die identischen Mitarbeiter der linken und der rechten Tabelle mit Linien, sodass Meier links mit Meier rechts verbunden ist, Müller mit Müller, Lehmann mit Lehmann usw.

Fertig? Die Forscher des Gallup-Instituts haben diese Aufgabe allen Führungskräften vorgelegt, die sie interviewt haben. Sie hatten schon zuvor nach scharfen Kriterien (Kennziffern!) die „besten Führungskräfte" von den anderen abgegrenzt. Es zeigt sich, dass die besten bei dieser Aufgabe ein anderes Ergebnis abliefern als die übrigen Führungskräfte. Sie können den Unterschied unmittelbar grafisch erkennen: Die meisten Befragten haben am Ende der gestellten Aufgabe die Linien so gezeichnet, dass sie sich überkreuzen. Bei ihnen steht Müller einmal ganz oben und einmal ganz unten, Meier einmal ganz unten und einmal ganz oben.

Das grafische Ergebnis der Topführungskräfte sieht anders aus: Hier kreuzen sich die Linien nicht; wenn Müller in der linken Tabelle ganz oben steht, so ist er auch in der rechten Tabelle ganz oben, ist Meier hier unten, ist er auch dort unten. Die Linien verlaufen also in den meisten Fällen waagerecht, mehr oder weniger parallel, sie überkreuzen sich nicht.

Was soll das bedeuten? Offensichtlich verbringen die erfolgreichsten Führungskräfte am *meisten* Zeit mit ihren *besten* Mitarbeitern, und am wenigstens mit den schlechtesten! Sie unterscheiden sich hier signifikant von den weniger erfolgreichen Führungskräften! Was wäre auf der Basis des Situativen Führens zu erwarten? Folgt man unserem bisherigen Modell, wird es wohl eher so sein, dass man sich mit den schwächeren Mitarbeitern mehr beschäftigt und mit den E4-Mitarbeitern am wenigsten. Die Schwächeren muss man noch coachen, ihre Kompetenz erweitern, ihr Engagement beeinflussen. Hier stimmen Blanchard und die Topmanager nicht überein. Diese Diskrepanz soll Ihr Gehirn ein wenig kitzeln, soll Sie zum Nachdenken bringen. Ob der Widerspruch unauflösbar ist, werden wir am Ende des Kapitels erörtern. Auf den nächsten Seiten werden wir zunächst überlegen, weshalb die Topführungskräfte sich mehr auf ihre besten Leute konzentrieren. Wir werden außerdem erfahren, was sie mit den Mitarbeitern machen, die in manchen Feldern eher schwach sind.

Mittelmaß verhindert absolute Spitze

Eine Grundannahme von allen Topführungskräften lautet, dass Talent stärker über den Erfolg eines Menschen entscheidet als Fähigkeiten und Kompetenzen. Dabei definieren sie Talent als etwas, was Menschen von Natur aus mitbringen, es beschreibt eine spezielle Begabung für eine bestimmte Tätigkeit. Diese Manager gehen davon aus, dass man nur in einem Bereich, in dem man talentiert ist, Höchstleistungen erbringen kann. Wenn sie nun ein Spitzenteam zusammenstellen – und darauf zielen alle Topmanager –, dann muss dieses wie folgt beschrieben werden können:

> *„Jeder im Team macht zu jeder Zeit des Tages das, was er besonders*
> *gut kann – und versucht außerdem noch, diese Spitzenleistung*
> *weiter zu verbessern."*

In Zahlen ausgedrückt bedeutet das: Jeder im Team ist ständig im Leistungsbereich zwischen 95 und 100 Prozent tätig. Und täglich streben alle danach, von den 95 Prozent weg und den 100 Prozent etwas näher zu kommen.

Ein angenehmer Gedanke, oder? Dieses Ziel würden auch Sie, lieber Leser, für Ihr eigenes Team bestimmt gerne übernehmen. Nun kommen wir zurück zu den beiden Tabellen oben und den Strichen, mit denen Sie Ihre Mitarbeiter verbunden haben. Warum kümmern sich diese Leute weniger um ihre Schlusslichter und mehr um die Besten? Die Ansicht der Topmanager ist: Jemand, der in einem Aufgabenbereich nicht wirklich gut ist, wird durch Förderung und intensive Schulung aus der schlechten Leistungszone allenfalls in eine mittlere, vielleicht sogar in eine gute Leistungszone kommen. Mit viel Mühe und großem Aufwand. Aber auch bei noch so großem Aufwand wird dieser Mitarbeiter in diesem speziellen Aufgabengebiet nie in die Topliga vorstoßen. Er wird nie in die Nähe der 100 Prozent kommen, sondern, mit sehr großem Aufwand, höchstens über die 60- oder gar 70-Prozent-Schwelle.

Kurz: Man wird jemanden, dem zu einer Arbeit das Talent fehlt, mit viel Förderung in den Bereich der oberen Mitte bringen – jedoch wäre schon dafür der Aufwand groß und der Ertrag begrenzt, da die Person dann erst bei 70 oder 75 Prozent Leistung steht. Das wird im Gesamtteam jedes Mal den Leistungsdurchschnitt senken, ihn von 96 oder 98 Prozent Leistung auf 90 oder 92 Prozent drücken.

Wohlgemerkt: Es geht nicht um den einen „Schlechten" im Team: Da in der üblichen Konstellation jeder Mitarbeiter immer auch Dinge zu erledigen hat, die er nicht so gut kann, würde die Rolle des Schlusslichts immer mal wechseln. Wesentlich ist aber: Sowohl in der Momentaufnahme wie auch im Großen und Ganzen würde das Team nie in die Nähe von 100 Prozent Leistung kommen.

Das kann der Topmanager nicht akzeptieren. Deshalb konzentriert er sich auf seine Spitzenkräfte. Es bringt ihm einfach aus seiner Sicht mehr, wenn er mit seinen besten Leuten bespricht, wie diese noch besser werden können, wie aus 96,6 Prozent 97,0 Prozent werden könnten.

„Moment!", werden Sie rufen. „Wenn Sie mir schon mit Zahlen kommen und mit Optimierung der Prozesse, dann ...!" Ich ahne Ihr Argument: Wenn Sie in einen mittelmäßigen Kollegen eine Stunde investieren, bringen Sie ihn vielleicht von 50 auf 55 Prozent Leistung. In der gleichen Stunde erreichen Sie mit dem Topmann womöglich nur eine Steigerung von 96,6 auf 97,0 Prozent.

Wenn wir also schon Zahlen sprechen lassen, müsste man doch eben aus diesem Grund in die Schwächeren investieren, denn dort ist doch *mehr* zu holen! 5 Prozent verglichen mit 0,4 Prozent in einer Stunde! Prinzipiell stimmt das – doch nur im mittleren Leistungsbereich; weiter oben wird die Luft dann dünn. Wenn jemand keine wirkliche Begabung für etwas hat, bringe ich die Person auf 60 oder 70 Prozent, aber je weiter nach oben ich mit ihr möchte, desto kleiner werden die zusätzlichen Schritte und desto größer der Aufwand – und bis 90 Prozent oder darüber komme ich praktisch gar nicht. Es muss andere, elegantere Lösungen geben.

Technik hilft, komplementäre Lösungen entlasten

Ein Lösungsansatz lautet: Entlaste den Mitarbeiter von dem, was er auch nach guter Schulung und angemessener Übungszeit nur mittelmäßig beherrscht! Entlaste ihn durch Technik, oder durch Arbeitsteilung! Wenn jemand nicht Kopfrechnen kann, stelle den bestmöglichen Taschenrechner zur Verfügung. Kann er sich keine Namen merken oder verpasst regelmäßig wichtige Termine, kaufe einen guten Organizer oder sorge für eine kompetente Sekretärin, die diese Dinge für ihn regelt.

Die Topmanager sind der Auffassung, dass sich in einem größeren Team immer jemand finden wird, der das, was der eine Mitarbeiter nicht so gut kann, besser kann. Bleiben Sie also nicht bürokratisch an Arbeitsbeschreibungen kleben, verteilen Sie Aufgaben flexibel und entsprechend den vorhandenen Talenten!

Wir alle kennen verschiedene Beispiele, bei denen dieses Prinzip gut funktioniert und den Erfolg des Teams überhaupt erst ermöglicht hat. Eines der bekanntesten ist das Beispiel von Steve Jobs, von Apple. Wenn Ihnen diese Geschichte vertraut ist, wissen Sie, dass Steve Jobs einen anderen Steve zur Seite hatte, Steve Wozniak (Young, 1989). Steve Jobs galt als Visionär und als begnadeter Verkäufer seiner Ideen, er galt auch als wirkungsvolle (und erbarmungslose) Führungskraft. Jedoch hatte er nicht die technische Kompetenz, Programme so gut zu schreiben, wie es für seine brillanten Ideen notwendig war. Steve Wozniak dagegen konnte all das, was Steve Jobs fehlte – und ihm fehlte, was Steve Jobs auszeichnete. Hätten die beiden von sich verlangt, dass sie „alles zu gleichen Teilen aufteilen, schließlich sind wir gleichberechtigte Partner", würden wir Apple heute vielleicht gar nicht kennen: Steve Jobs hätte wertvolle Zeit hinter dem Bildschirm verbracht, wo sein natürliches Talent nicht zur Entfaltung gekommen wäre. Steve Wozniak hätte versucht, in Präsentationen künftigen Kunden das Produkt schmackhaft zu machen – und wäre vermutlich oft gescheitert.

Der Erfolgsschlüssel lautet also: Stelle nur talentierte Menschen ein. Wenn sie Dinge nicht können, schule sie darin. Wenn die Schulung dennoch nicht hilft, verwende nicht zu viel Energie darauf: Entlaste entweder durch Technik oder durch flexible Verteilung der Aufgaben, sodass jeder nur das tut, wofür er Talent hat. So wird dein Spitzenteam nach und nach Wirklichkeit.

Natürlich lautet auch hier der nächste Schritt irgendwann einmal: Falls das alles nichts hilft, suche nach einer anderen Rolle für die Person; suche sie im Unternehmen, und wenn auch das nicht geht, unterstütze die Person dabei, die Rolle in einem anderen Unternehmen zu finden. Da wir als Spitzenführungskräfte solch großen Aufwand bei der Einstellung betrieben haben (Sie erinnern sich: dreimal mehr als andere), ist diese Gefahr jedoch insgesamt betrachtet sehr gering.

Diskussion

Lassen Sie uns nach diesem Ausflug zurückkommen zu unserem Prinzip des Situativen Führens. Gibt es einen wirklichen Widerspruch, gibt es Verbindungsmöglichkeiten?

Als Widerspruch im ersten Moment erscheint, dass die Führungskraft bei der alleinigen Anwendung des Situativen Führens ausgiebig mit jedem Mitarbeiter beschäftigt ist, bis dieser in allen Belangen E4 ist, während die Topführungskräfte damit früher aufhören. Sie suchen ab einem gewissen Punkt nach einer anderen Lösung für das Problem fehlenden Talents. Ihre Überzeugung lautet: Verschwende nicht deine Zeit, etwas aus einem Menschen herauszuholen, was in diesem nicht enthalten ist. Investiere die Zeit besser dort, wo du die Stärken der Person weiterentwickeln kannst – das ist schon anspruchsvoll genug!

Da das Situative Führen nützlich und pragmatisch ist und zugleich der oben genannte Gedanke äußerst klug, brauchen wir eine Möglichkeit, beides zu integrieren. Diese Möglichkeit ist der Zeitstrahl.

Zunächst wählt man die künftigen Mitarbeiter, sofern man die Chance dazu hat, sorgfältig und gründlich aus. Dieses Thema haben wir bewusst ausgelassen, da man oft die Teams, die man führt, schon vorfindet. Auch gibt es hierzu bereits ausgezeichnete Literatur (vgl. Jetter, 2008, und die Überlegungen zum Thema „Talent" von Buckingham und Goffman, 2012).

Im nächsten Schritt wendet man ebenso gründlich das Konzept des Situativen Führens an: Was kann der Mitarbeiter, was nicht, wo zeigt er Engagement, wo nicht. Allfällige Defizite sind wie in diesem Buch beschrieben durch geeignete Maßnahmen zu verbessern: durch Schulung, durch Gespräche, durch Coaching.

Erst im dritten Schritt, also weiter hinten im Zeitstrahl, kommt der Ansatz, der in „Führung gegen alle Regeln …" geschildert wird, ins Spiel: Helfen die Maßnahmen, ist alles gut und der Mitarbeiter in den wesentlichen Feldern im Entwicklungsstand E4. Helfen sie nicht, sollten wir daran denken, den Aufwand nicht zu weit zu treiben. Keine dritte oder vierte Schulung zum Thema, kein fünftes oder sechstes Gespräch.

Wenn ein guter Mitarbeiter in bestimmten Feldern Grenzen hat, sollte er dort entlastet werden durch Hilfsmittel oder durch flexiblen Aufgabentausch innerhalb des Teams. Somit ist sichergestellt, dass jeder zu jeder Zeit das einsetzt, was er ganz besonders gut kann. In dieser Weise ist der Gallup-Gedanke der stärkenorientierten Führung kein Widerspruch, sondern eine Ergänzung zu den Gedanken des Situativen Führens.

Abschließend möchte ich an die Aussage von Vilfredo Pareto erinnern: 80 Prozent der Leistung werden in 20 Prozent der Zeit erreicht, und die übrigen 80 Prozent der Zeit wendet man auf, um die restlichen 20 Prozent der Leistung zu erhalten.

Die Spitzenführungskräfte vermeiden diese Falle: Was in 20 Prozent der Zeit nicht erreicht werden kann, gilt als ineffizient; die 100 Prozent Leistung werden nicht durch sehr großen Aufwand mühsam (oder gar nicht) erreicht, sondern durch flexibles Handeln. Der große Paul Watzlawick würde dies „Lösung zweiter Ordnung" nennen (Watzlawick, 2013).

In diesem Sinn: Wenden Sie die Regeln an – und bleiben Sie dabei flexibel!

Viel Erfolg!

Zusammenfassung

Das letzte Kapitel erweitert nicht nur den Werkzeugkasten – es schüttelt ihn noch einmal durch. Hier bekommt die Führungskraft nicht nur zusätzliche Werkzeuge in die Hand, sie erfährt auch, in welchen Situationen sie ein bisher eingesetztes Werkzeug womöglich gegen ein anderes, noch besser geeignetes austauschen sollte.

Zwei Ergänzungen werden vorgelegt: Zum einen gehen wir der Frage, wie man Spitzenkräfte binden kann, noch einmal und tiefer als zuvor auf den Grund. Zum anderen schauen wir den besten Führungskräften der Welt zu, was diese tun, um absolute Spitzenteams zu führen. Beides basiert auf einer außerordentlich umfangreichen Studie des Gallup-Instituts, das über 25 Jahre mehr als eine Million Mitarbeiter und über 100 000 Führungskräfte zu solchen und ähnlichen Themen befragt hat.

Zur ersten Frage, was bindet Spitzenkräfte an ein Unternehmen, lautet die einfache Antwort: ihre Führungskraft. Gallup hat herausgefunden, dass Mitarbeiter nicht Unternehmen verlassen, sondern Führungskräfte. Mit einer umfangreichen Studie wurde gezeigt, welche Unterschiede zwischen attraktiven und nicht attraktiven Stellen bestehen – wohlgemerkt bei vergleichbaren Positionen innerhalb von Unternehmen. In 150 Sparkassenfilialen beispielsweise war in manchen Filialen die Fluktuation enorm, in anderen, und zwar bei objektiv gleichen Voraussetzungen wie Lage, Größe, Mitarbeiterzahl, war sie dagegen gering. Den Unterschied machten immer die Vorgesetzten aus.

Gallup hat über die Jahre hinweg eine Liste von nur zwölf sehr scharf formulierten Fragen ausgearbeitet, die dabei helfen, die Spreu vom Weizen zu trennen: In den Betrieben, in denen die Leistung besonders gut war, die Kennziffern top und die Fluktuation minimal, beantworteten die besten Mitarbeiter diese Fragen alle mit „Ich stimme absolut zu". Die Fragen sind im Text zu finden.

Weiterhin wurden die „besten Führungskräfte der Welt" untersucht, nachdem sie mithilfe von harten Kennziffern (Produktivitätszahlen, Kundenzufriedenheit, Fluktuation) von ihren Kollegen unterschieden werden konnten. Die Fragestellung lautete: Gibt es Unterschiede im Verhalten zwischen diesen Mitarbeitern und ihren Kollegen? Die Antwort: Oh ja.

Zum einen legen die Topführungskräfte mehr Wert auf die Personalauswahl als alle anderen Führungskräfte. Sie glauben eisern daran, dass man Spitzenleistungen nur mit den Besten erbringen könne – und dass man zu diesen Besten weniger durch Training, sondern durch bereits vorhandenes Talent vorstößt. Sie gehen bei der Personalauswahl daher absolut stärkenorientiert vor, suchen entschieden nach den Talenten, die für eine bestimmte Aufgabe notwendig sind.

Und im Kontrast zu der Vorgehensweise, die sich aus dem Situativen Führen ableitet, halten sich die besten Führungskräfte nicht zu lange mit den Schwächen ihrer Mitarbeiter auf! Während Blanchard so lange an diesen arbeitet, bis er sie behoben hat, gehen die Topkräfte zwar zunächst auf die Schwächen ein und versuchen sie durch Schulung oder Coaching in Stärken zu verwandeln. Ist das jedoch in angemessener Zeit nicht möglich, lassen sie los. Die Verbesserung der Schwachstellen ist hier kein Merkmal des Führungsverhaltens – wenn sich Schwächen nicht rasch beseitigen lassen, wird keine weitere Energie mehr hineingesteckt.

Dahinter steht die Annahme, dass man jemanden, der im Feld X schwach ist, zwar ins Mittelfeld, aber vermutlich nie ins Spitzenfeld heben kann. Da man jedoch den ganzen Tag Spitzenleistung erwartet, wäre viel Anstrengung dazu nötig, ein unattraktives Ziel zu erreichen: Mit großer Mühe wird der Mitarbeiter gefördert – aber nur bis ins Mittelfeld. Das ergibt für die angestrebte Topleistungsebene keinen Sinn.

Welche Maßnahmen sind zu ergreifen, falls ein Mitarbeiter in einem Bereich dauerhafte Schwächen zeigt? Er wird zunächst unterstützt, auch dort seine Kompetenz zu steigern. Greift die Unterstützung nicht, wird er entlastet: entweder durch den Einsatz von Technik oder durch das Abgeben dieses Aufgabengebietes an einen Kollegen. Somit ist sichergestellt, dass jeder zu jeder Zeit das tut, was er besonders gut kann. Keiner hält sich im Mittelfeld auf. Das Ziel des Spitzenteams wird so erreicht –letztlich durch eine Maßnahme, die nicht dem Situativen Führen entspricht, sondern Pragmatismus mit dem Streben nach Spitzenleistung kombiniert.

Ein guter Deal für jeden Beteiligten.

Dank

Wie schon bei den ersten Büchern danke ich meiner Frau Maren für den Verzicht auf einige gemeinsame Stunden, weil sie mir erlaubt hat, für dieses Buch wieder hinter meinem Laptop zu verschwinden.

Dr. Hugo Eysel sage ich wie schon bei „Souverän verhandeln" (2015) Dank, denn auch in diesem Buch hier stammen viele Gedanken ursprünglich von ihm.

Weiterer Dank geht an die vielen Tausend Seminarteilnehmer, die durch ihre kritischen Fragen geholfen haben, dass die hier vorgestellten Gedanken im Lauf von zwanzig Jahren wirklich alltagstauglich werden konnten.

Schließlich danke ich Siegfried Ganshorn und Tanja Eggers, die nach der Lektüre der ersten Hälfte des Manuskripts meinten: „Muss geschrieben werden – weiterschreiben!"

Ein freundliches Dankeschön geht noch in die Schweiz an meine Lektorin, Dr. Susanne Lauri, die souverän und entspannt mit meinen Mails, Fragen und Ideen umgeht. Selbst mit Vorwürfen (die ich ja nie mache) und mit Ungeduld (die ich ja nicht kenne) kommt sie gut klar – ich weiß es, und bin froh.

Über den Autor

Thomas Fritzsche ist Gründer der Trainergruppe TOMplus: In Seminaren für Führungskräfte zu Themen wie Mitarbeiterführung, Präsentationstechnik, Verhandlungsführung, Stressmanagement geht es stets um die Anwendung psychologischer Kenntnisse im praktischen Alltag der Führungskräfte.

Seine Kunden sind Einzelhandelsunternehmen, Pharmafirmen, Bauunternehmen, Unternehmen des Direktvertriebs und andere.

Fritzsche arbeitet seit 1988 in eigener psychotherapeutischer Praxis. Er ist ausgebildeter Verhaltenstherapeut, Systemischer Therapeut und Hypnotherapeut (MEG). Später hat er sich zum Systemischen Organisationsberater weitergebildet und ist seit 2015 auch Master of Mental Training der SIU (Scandinavian International University).

Seit 1993 erfüllt er einen Lehrauftrag der Universität Gießen in der Ausbildung von Therapeuten zum Thema „Hypnotische Kommunikation".

Fritzsche ist Sprecher auf internationalen Kongressen zu seinen verschiedenen Kernthemen.

Und natürlich ist er erfolgreicher Autor von „Souverän verhandeln. Psychologische Strategien und Methoden" (2015, 2. Auflage), „Die Impact-Strategie" (2014) und „Wer hat den Ball? Mitarbeiter einfach führen" (2016).

Weitere Informationen: www.thomasfritzsche.de

Literatur

Atkinson J. W.: *Einführung in die Motivationsforschung*. Stuttgart: Klett, 1995

Bem D. J.: *Self-perception. An alternative interpretation of cognitive dissonance phenomena*. Psychological Review, 74, 536–537, 1967.

Blake R., Mouton J.: *The Managerial Grid: Key Orientations For Achieving Production Through People*. Houston: Gulf Publishing Co., 1972

Buckingham M., Goffman C.: *Erfolgreiche Führung gegen alle Regeln: Wie Sie wertvolle Mitarbeiter gewinnen, halten und fördern*. Frankfurt: Campus, 2012

Caspary R. (Hrsg.): *Lernen und Gehirn. Der Weg zu einer neuen Pädagogik*. München: Herder, 2006

Cleese J.: *The Helping Hand. Coaching Skills for Managers*. Video Arts, 1990

Blank W. u. a.: *A Test of the Situational Leadership Theory*. In: Personal Psychology. vol. 43, 1990.

Buettner R.: *Spezifische Kritik zur Zwei-Faktoren-Theorie von F. Herzberg*. New York: McGraw-Hill, 2010

Cameron J., Banko K. & Pierce W. D.: *Pervasive negative effects of rewards on intrinsic motivation. The myth continues*. The Behavior Analyst, 24, 1–44, 2001

Cialdini R.: *Die Psychologie des Überzeugens*. Bern: Hogrefe, 2013

Covey S., Merrill A. R., Merrill R. R. & Altman, A.: *Der Weg zum Wesentlichen*. Frankfurt: Campus, 2014

Csikszentmihalyi M.: *Flow im Beruf. Das Geheimnis des Glücks am Arbeitsplatz*. Stuttgart: Klett-Cotta, 2012

Dietz K., Kracht T.: *Dialogische Führung. Grundlagen – Praxis – Fallbeispiel: dm-Drogerie-Markt*. Frankfurt: Campus, 2011

Eysel H.: *Persönliche Mitteilung*, 1996

Fritzsche T.: *Souverän verhandeln. Psychologische Strategien und Methoden*. Bern / Göttingen: Hogrefe, 2015

Fritzsche T.: *Wer hat den Ball? Mitarbeiter einfach führen*. München: Herder, 2016

Heidbrink M., Jenewein W.: *High-Performance-Organisationen: Wie Unternehmen eine Hochleistungskultur aufbauen*. Stuttgart: Schäffer-Poeschel, 2011

Herzberg F., Mausner B. & Snyderman B.: *The Motivation to Work*. New Jersey: Transaction Publishers, 1993

Hersey P., Blanchard K.: *Management of Organizational Behavior*. New York: Prentice-Hall, 2013

Hoffmann J.: *Lern- und Gedächtnispsychologie*. Berlin: Springer, 2013

Jetter W.: *Effiziente Personalauswahl*. Stuttgart: Schäffer-Poeschel, 2008

Koch R: *Das 80/20-Prinzip: Mehr Erfolg mit weniger Aufwand*. Frankfurt: Campus, 2015

Lessmöllmann A.: *Im Cockpit nur noch Cäsars Sprache*. Die Zeit, 2004, Nr. 21

Lewin K., Lippitt R. & White R. K.: *Patterns of aggressive behavior in experimentally created social climates.* Journal of Social Psychology, 10, 271–301, 1939

Oerter R., Montada L.: *Entwicklungspsychologie. Ein Lehrbuch.* Weinheim: Beltz, 2002

Robbins S. P., Coulter M., & Fischer I.: *Management: Grundlagen der Unternehmensführung.* New Jersey: Pearson, 2014

Schulz von Thun F.: *Miteinander Reden 1: Störungen und Klärungen.* Hamburg: Rowohlt, 2010

Seiwert L.: *Das 1x1 des Zeitmanagement: Zeiteinteilung, Selbstbestimmung, Lebensbalance.* München: Gräfe und Unzer, 2014

Sprenger R.: *Mythos Motivation.* Frankfurt: Campus, 2014

Vroom V. H.: *Work and Motivation.* New York: Wiley, 1994

Watzlawick P.: *Lösungen. Zu Theorie und Praxis menschlichen Wandels.* Bern: Huber, 2013

Whitmore J.: *Coaching für die Praxis.* Staufen: allesimfluss-Verlag, 2011

Young J.: *Steve Jobs. Der Henry Ford der Computerindustrie.* Düsseldorf: GFA Systemtechnik, 1989

Yuki G.: *Leadership in Organizations.* New York: Prentice Hall, 2012